LESSON 1

10までの　かず ①

シール

月　日

せいかい
4こ中
こ／ごうかく 3こ

1 かずを　かぞえましょう。

2 🍓は　いくつ　ありますか。

こ

こたえは71ページ☞

LESSON 2

10までの　かず ②

シール

月　日

せいかい
4こ中

こ／ごうかく 3こ

1 ケーキと　クッキーが　あります。
（けえき）（くっきい）

❶ かずが　おおいのは　どちらですか。

❷ すくない　ほうの　かずを　かきましょう。

2 めだかは　なんびき　いますか。

❶

❷

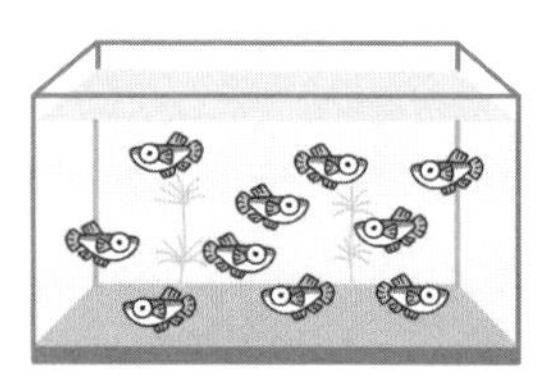

□ ひき

□ ぴき

こたえは71ページ

LESSON 3

なんばんめ ①

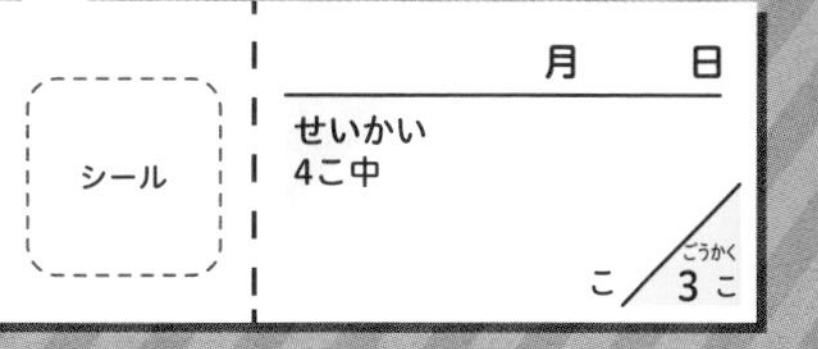

1 くだものが　ならんで　います。□に　はいる　かずを　かきましょう。

❶ はは　ひだりから　□ばんめです。

❷ はは　みぎから　□ばんめです。

2 たなに　おもちゃが　はいって　います。

❶ はは　したから　なんばんめですか。

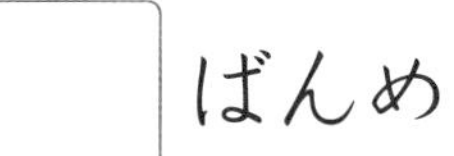

□ばんめ

❷ はは　うえから　なんばんめですか。

□ばんめ

こたえは71ページ

LESSON 4

なんばんめ ②

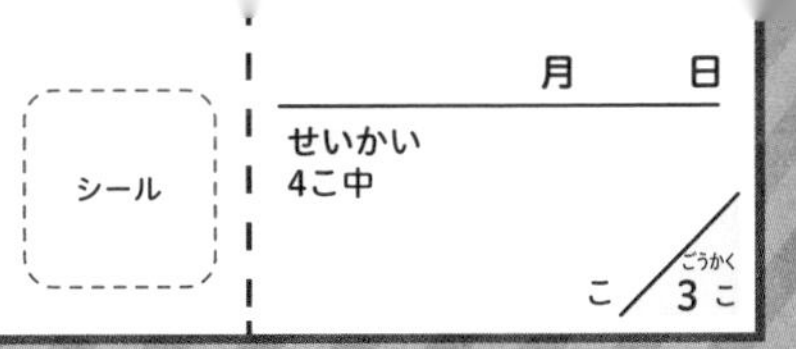

1 ともだちが　ならんで　います。

❶ まえから　5ばんめは　だれですか。

 さん

❷ うしろから　1ばんめは　だれですか。

 さん

❸ うしろから　7ばんめは　だれですか。

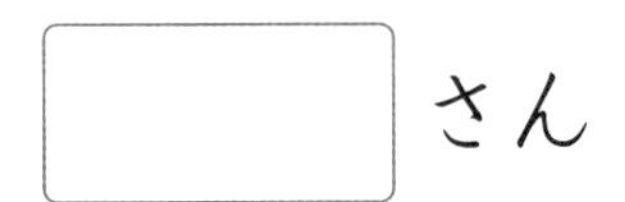 さん

2 ひだりから　3ばんめに　いろを　ぬりましょう。

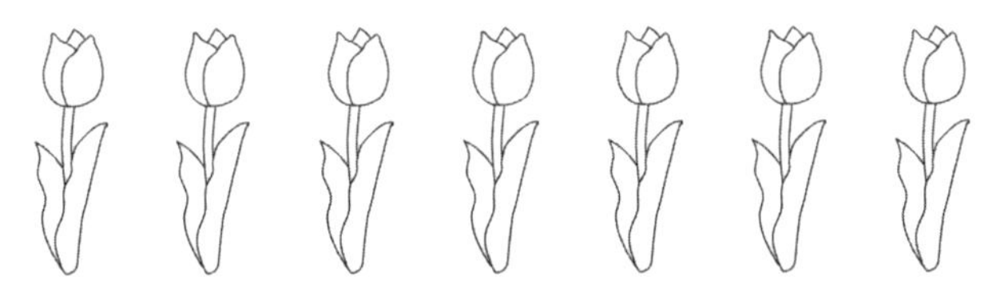

こたえは71ページ

LESSON 5

いくつと　いくつ ①

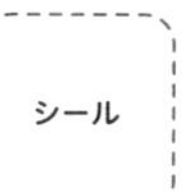

月　　日

せいかい
5こ中
　こ／ごうかく 4こ

1 5この　りんごを　いろいろに　わけます。□に　はいる　かずを　かきましょう。

① 2こ と  こ

②  こ と 1こ

2 2まいの　カード（かあど）の　かずを　あわせて　3に　します。□に　はいる　かずを　かきましょう。

① 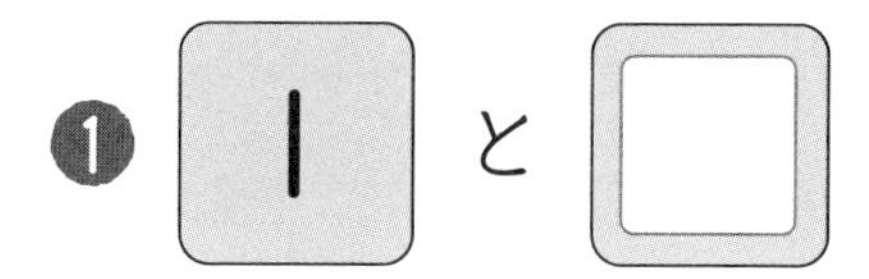

と □

② 

と 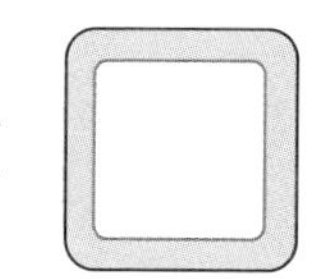

3 みさきさんは　おはじきを　あわせて　5こ　もって　います。ひだりてに　もって　いるのは　なんこですか。

 こ

こたえは71ページ

LESSON 6

いくつと　いくつ ②

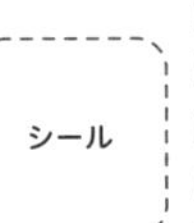

月　　日

せいかい
4こ中

こ／ごうかく 3こ

1 1 2 3 4 5 6 7 8 の　なかから　2まい　えらんで，あわせて　9に　します。なんくみ　できますか。

 くみ

2 が　10こ　あります。かみに　かくれて　いる　は　なんこですか。

①

□ こ

②

□ こ

③

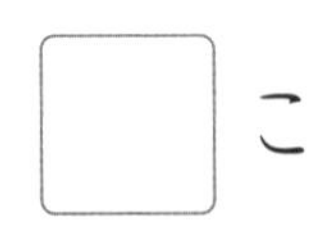 こ

こたえは71ページ ☞

LESSON 7 まとめテスト ①

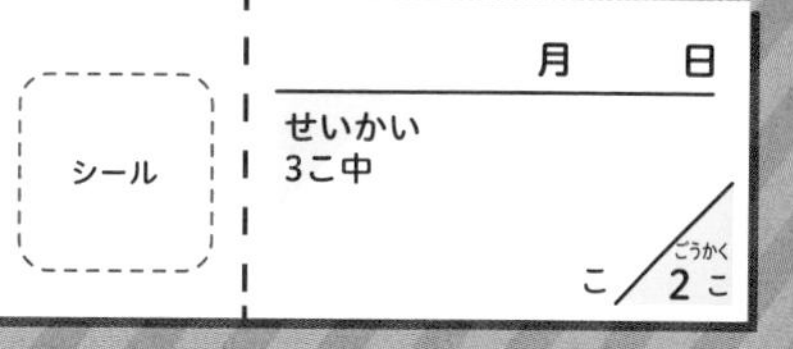

1 1から　5までの　かずを　かいた　カード（かあど）が　あります。

① ■の　カードの　かずを　かきましょう。

1　5　4　3

□

② ■を　1まい　めくって，あわせて　5に　します。めくったとき　みえると　よい　カードの　かずを　かきましょう。

1

□

2 ともだちが　ならんで　います。まえから　3ばんめと　うしろから　5ばんめの　あいだに　いるのは　だれですか。

□ さん

こたえは71ページ

LESSON 8

まとめテスト ②

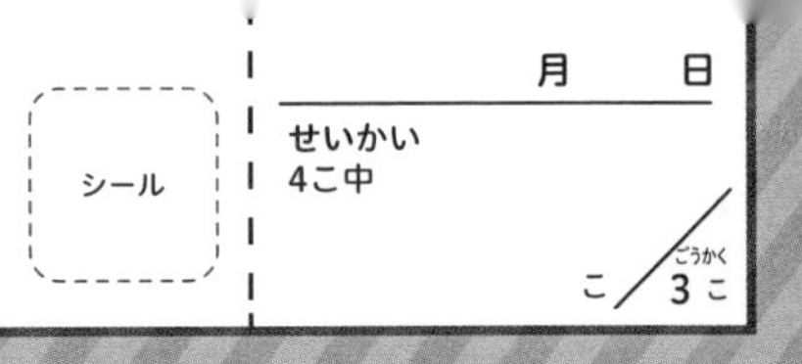

1 クッキー(くっきい)が　7こ　あります。はこの なかには　なんこ　ありますか。

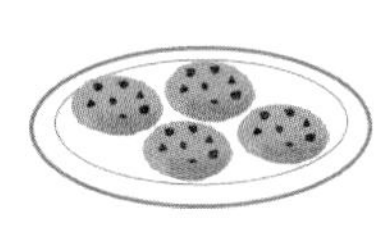
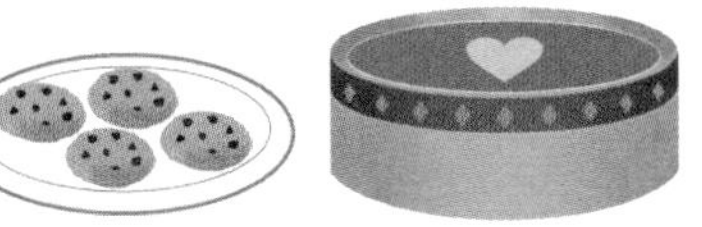

□ こ

2 たなに　いろいろな　ものが はいって　います。

① (ふね)は　うえから　なんばん めですか。

□ ばんめ

② なにも　はいって　いないのは したから　なんばんめですか。

□ ばんめ

3 1から　10までの　かずが　ならんで います。かくれて　いる　かずの　うち， おおきい　ほうの　かずを　かきましょう。

1	3	5		9	10	8		4	2

□

こたえは72ページ

LESSON 9

あわせて　いくつ ①

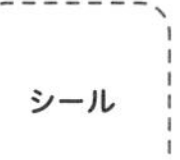

月　日

せいかい 3こ中　こ／ごうかく 2こ

1 まるい　クッキーが　１ことしかくい　クッキーが　４こ　あります。クッキーは　あわせて　なんこ　ありますか。

(しき)

しきを かこう。

□こ

2 ２つの　かごに，メロンと　りんごが　はいって　います。

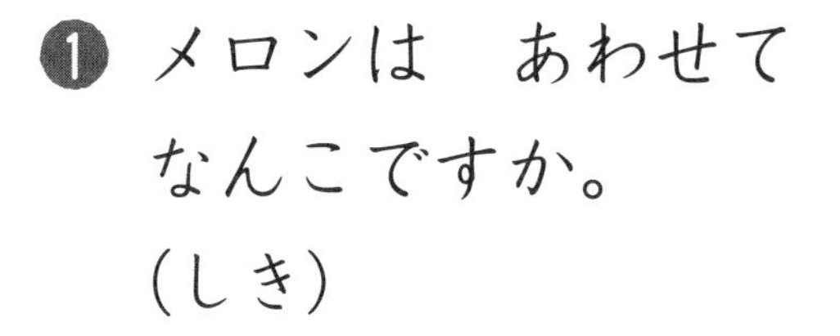

① メロンは　あわせて　なんこですか。

(しき)

□こ

② りんごは　あわせて　なんこですか。

(しき)

□こ

こたえは72ページ

LESSON 10

あわせて　いくつ ②

シール

月　日

せいかい 3こ中

こ／ごうかく 2こ

1 さいころを　ふりました。1かいめに 6，2かいめに　2が　でました。あわせた　かずは　いくつですか。

（しき）

□

2 あかい　はなが　5ほん，しろい　はなが　2ほん，きいろい　はなが　5ほん さいて　います。

❶ あかと　きいろの　はなを　あわせると なんぼんですか。

（しき）

□ ぽん

❷ しろと　きいろの　はなを　あわせると なんぼんですか。

（しき）

□ ほん

こたえは72ページ ☞

ふえると　いくつ ①

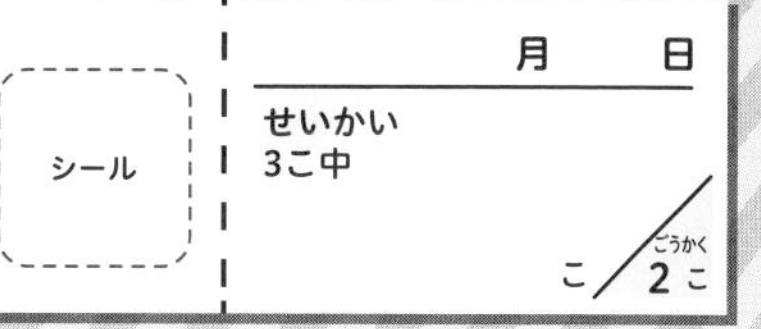

1 すいそうに　めだかが　5ひき　います。そこに　3びき　いれると　なんびきに　なりますか。

（しき）

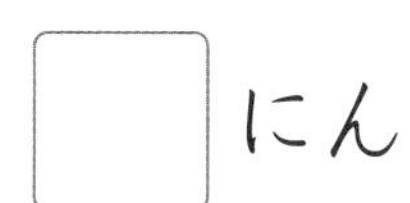

ぴき

2 こうえんで　こどもが　3にん　あそんで　います。こどもが　4にん　くると，みんなで　なんにんに　なりますか。

（しき）

にん

3 つばめが　3わ　います。3わ　とんで　くると，みんなで　なんわに　なりますか。

（しき）

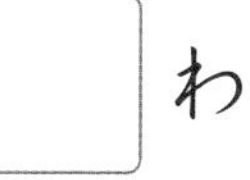

わ

こたえは72ページ

LESSON 12

ふえると　いくつ ②

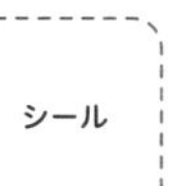

月　日

せいかい 3こ中

こ／ごうかく 2こ

1 ゆりさんは　けいさんもんだいを　5だい　しました。そのあと　2だい　しました。ぜんぶで　なんだい　しましたか。

（しき）

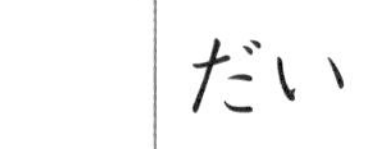

2 しょうたさんは　カード（かあど）を　7まい　もって　います。かおるさんから　2まい　もらうと，ぜんぶで　なんまいに　なりますか。

（しき）

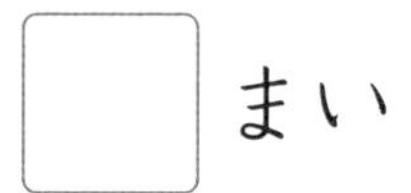

3 りんごが　4こ　あります。6こ　かうと，ぜんぶで　なんこに　なりますか。

（しき）

こたえは72ページ

LESSON 13

のこりは　いくつ ①

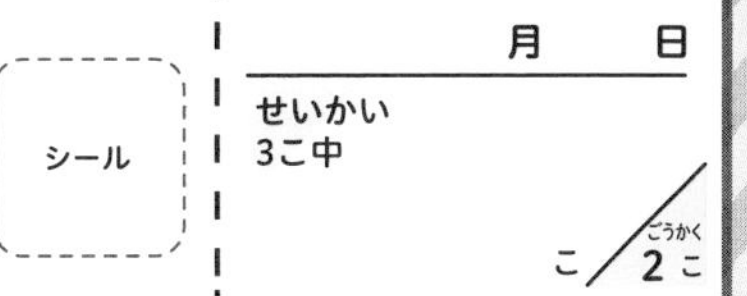

1 すずめが　でんせんに　5わ　とまって　います。3わ　とんで　いくと，のこりは　なんわに　なりますか。

（しき）

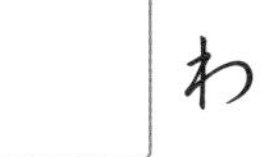 わ

2 しゅんやさんは　あめを　4こと　ガムを　5こ　もっています。

① あめを　1こ　たべました。あめは　なんこ　のこって　いますか。

（しき）

 こ

② ガムを　2こ　みおさんに　あげました。ガムは　なんこ　のこって　いますか。

（しき）

 こ

こたえは72ページ ☞

LESSON 14

のこりは　いくつ ②

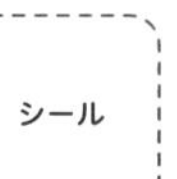

月　日

せいかい 3こ中　こ／ごうかく 2こ

1 ゆみさんは　おはじきを　10こ　もって　います。まこさんに　6こ　あげると，のこりは　なんこに　なりますか。

（しき）

2 ちゅうしゃじょうに　じどうしゃが　8だい　とまって　います。4だい　でていくと，のこりの　じどうしゃは　なんだいですか。

（しき）

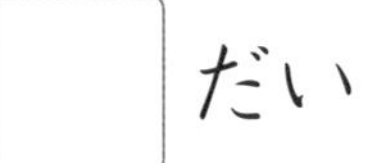

3 プリン（ぷりん）と　ゼリー（ぜりい）が　ぜんぶで　9こ　あります。プリンは　4こです。ゼリーは　なんこですか。

（しき）

こたえは72ページ

LESSON

15 ちがいは　いくつ ①

シール

月　日

せいかい
3こ中

ごうかく
こ／2こ

1 いぬと　ねこが　います。ちがいは　なんびきですか。

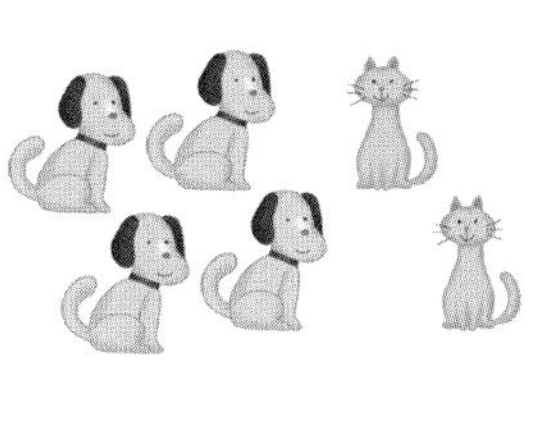

（しき）

□ ひき

2 たまいれを　2かい　します。

❶ 1かいめに　3こ，2かいめに　8こ　はいりました。1かいめと　2かいめの　ちがいは　なんこですか。

（しき）

□ こ

❷ 1かいめに　6こ　はいり，2かいめは　ひとつも　はいりませんでした。1かいめと　2かいめの　ちがいは　なんこですか。

（しき）

□ こ

こたえは72ページ

LESSON 16

ちがいは　いくつ ②

月　日

せいかい
3こ中

ごうかく
こ／2こ

1 りんごと　みかんと
いちごが　あります。

❶ いちごは　りんごより
なんこ　おおいですか。
(しき)

❷ みかんは　りんごより　なんこ　おおい
ですか。
(しき)

❸ いちごと　みかんでは，どちらが　なん
こ　すくないですか。
(しき)

17 まとめテスト ③

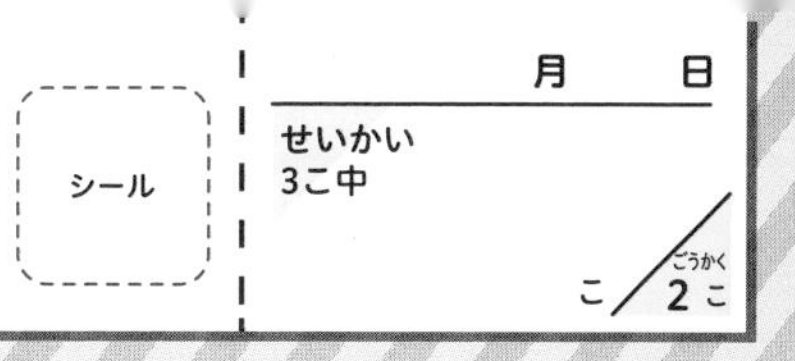

1 あかの　おりがみが　7まい，あおの　おりがみが　3まい　あります。

❶ おりがみは　ぜんぶで　なんまいですか。

（しき）

□まい

❷ あおの　おりがみを　2まい　つかいました。あおの　おりがみは，なんまい　のこって　いますか。

（しき）

□まい

2 シュート（しゅうと）の　れんしゅうを　5かい　して，2かい　ゴール（ごうる）しました。シュートの　かずと　ゴールした　かずの　ちがいは　なんかいですか。

（しき）

□かい

こたえは73ページ

まとめテスト ④

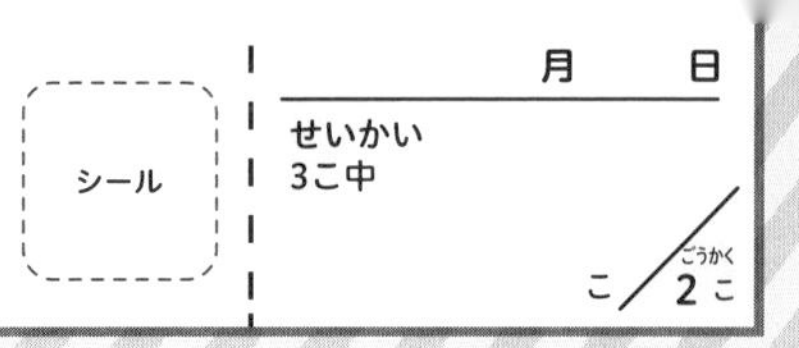

1 すずめが　6わ　います。4わ　とんで　きました。すずめは　ぜんぶで　なんわに　なりましたか。

（しき）

□ わ

2 まおさんは　あかい　はなを　10ぽん，しろい　はなを　6ぽん　もって　います。

❶ あかい　はなと　しろい　はなでは，どちらが　なんぼん　おおいですか。

（しき）

□ が □ ほん　おおい。

❷ あかい　はなを　2ほん　ゆうきさんに　あげました。あかい　はなは　なんぼんに　なりましたか。

（しき）

□ ぽん

こたえは73ページ ☞

LESSON 19 どちらが　ながい ①

月　日
せいかい 4こ中
こ ごうかく 3こ

1 どちらが　ながいですか。

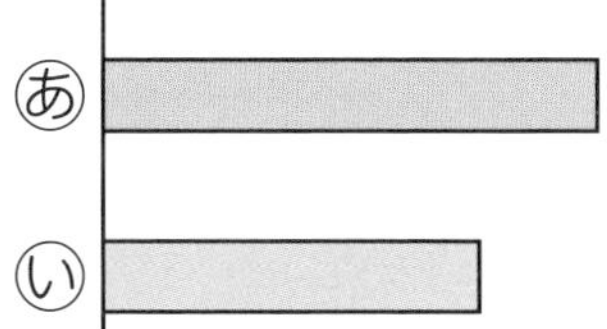

②

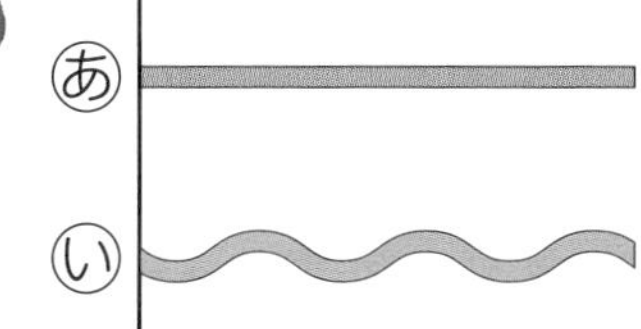

③ あ 

い 

2 ゆりさんが　もって　いる　えんぴつの　ながさを　しらべて　います。どちらが　ますの　いくつぶん　ながいですか。

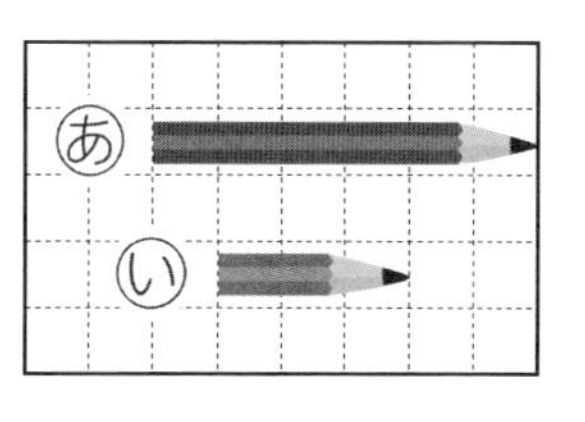

□ が  つぶん　ながい。

こたえは73ページ

LESSON 20

どちらが　ながい　②

シール

月　日

せいかい 3こ中

こ／ごうかく 2こ

1 3ばんめに　ながい　ひもは　どれですか。

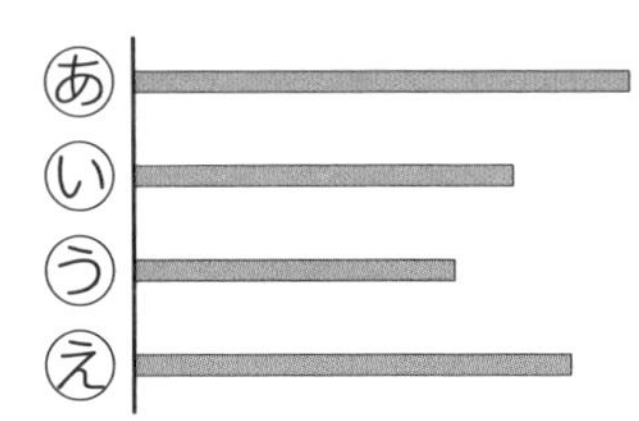

2 テープ（てえぷ）を　つかって，たてと　よこの　ながさを　くらべました。どちらが　ながいですか。

よこ

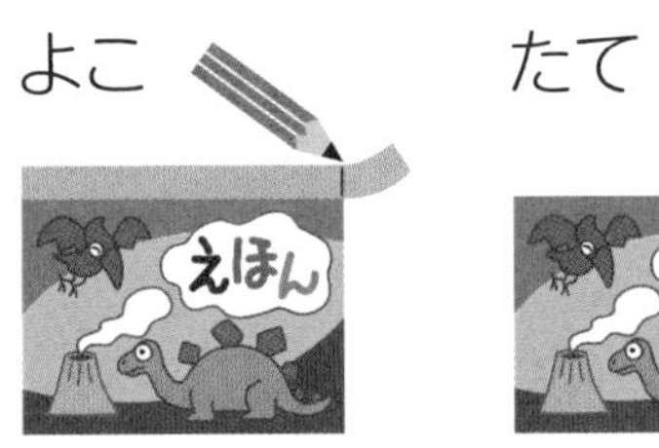

たて

3 ながい　じゅんに　こたえましょう。

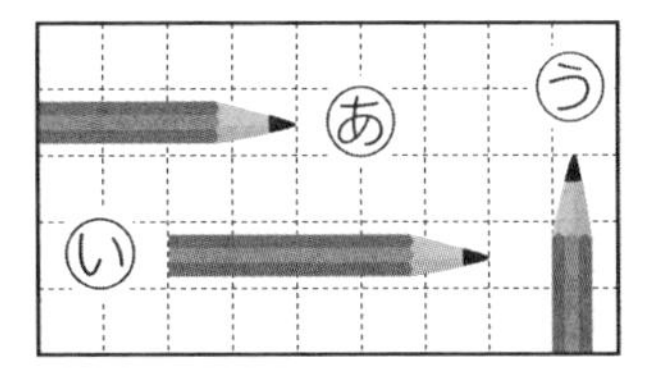

□ → □ → □

LESSON 21

どちらが　おおい ①

1 どちらが　おおく　はいって　いますか。

あ　い

2 あの　みずを　いに　うつすと　あふれました。どちらが　おおく　はいりますか。

3 どちらが　コップ（こっぷ）なんはいぶん　おおく　はいりますか。

あ
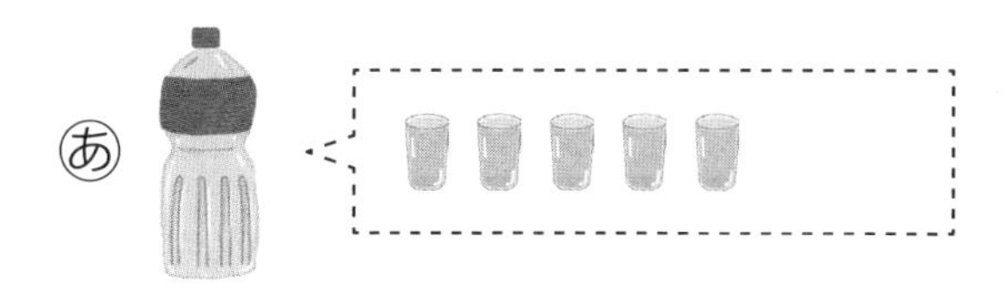

い
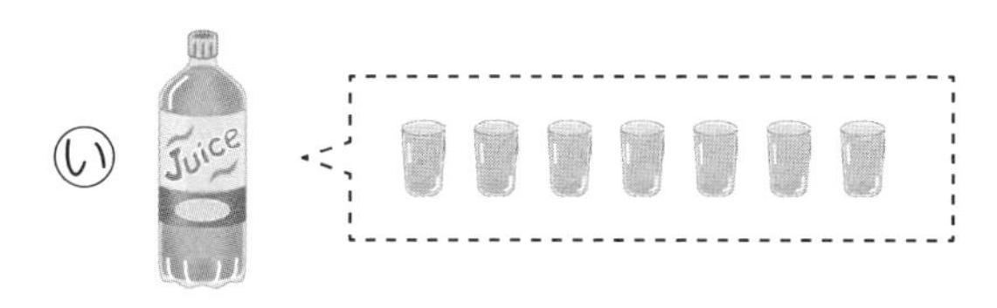

□が　□はいぶん　おおい。

こたえは73ページ

LESSON 22

どちらが　おおい ②

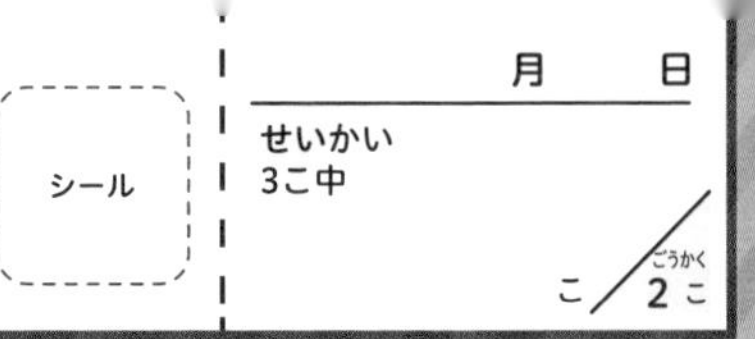

1 どちらが　おおく　はいりますか。

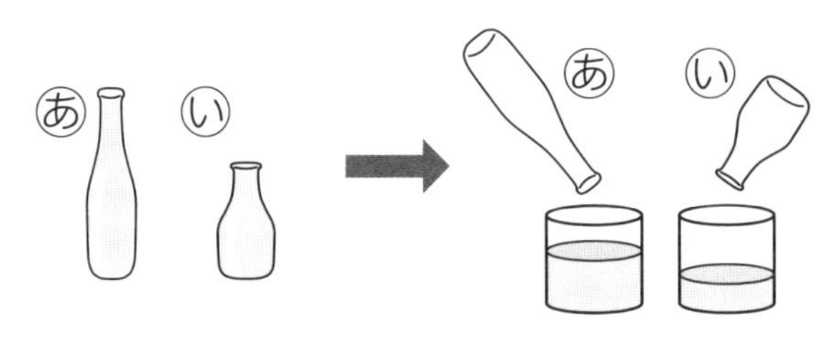

2 いちばん　おおく　はいって　いるのは　どれですか。

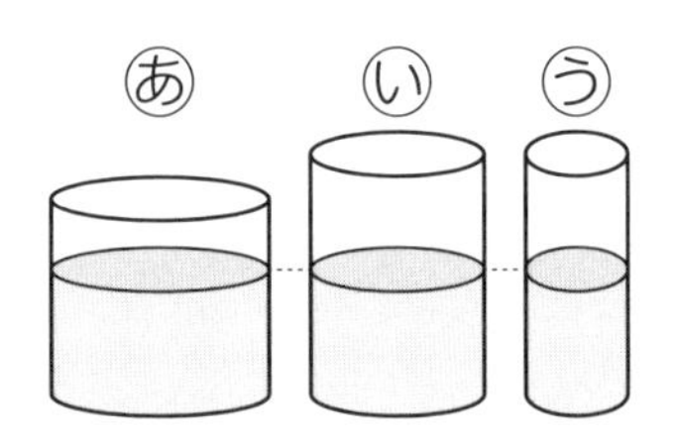

3 すいとうと　やかんに　コップ（こっぷ）で　みずを　いれました。すいとうは　6かい，やかんは　8かいで　いっぱいに　なりました。どちらが　おおく　はいりますか。

こたえは73ページ

LESSON 23

どちらが　ひろい ①

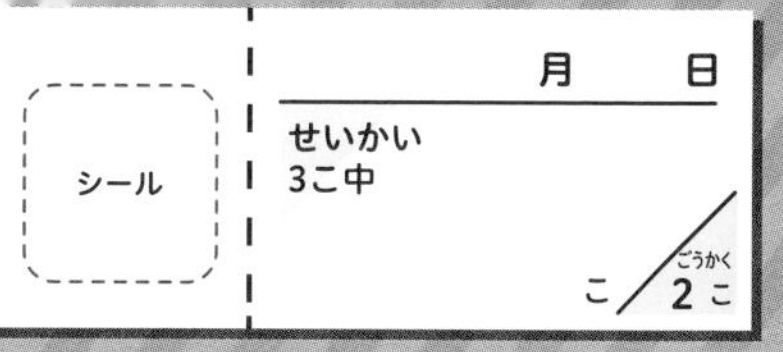

1 2まいの　かみを　かさねました。どちらの　かみが　ひろいですか。

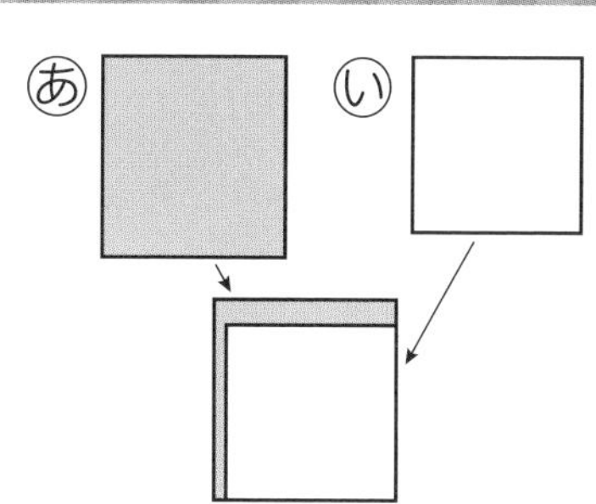

□

2 3にんが　ますに　いろを　ぬりました。

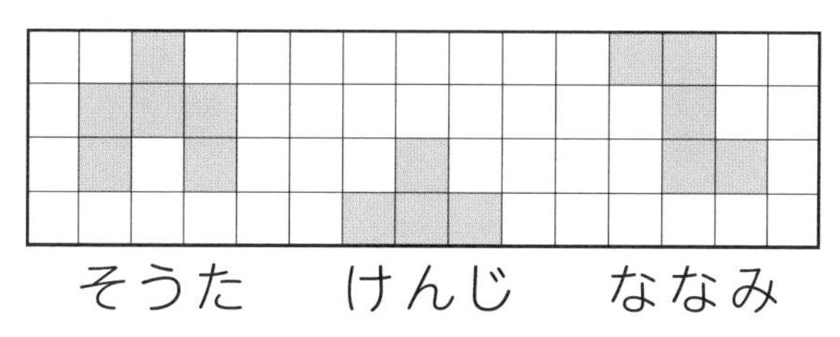

① ななみさんは　なんます　ぬりましたか。

□ ます

② いちばん　ひろく　ぬったのは　だれですか。

□ さん

こたえは74ページ

LESSON 24

どちらが　ひろい ②

月　日

せいかい
3こ中

ごうかく
こ／2こ

1 どちらが　ひろいですか。

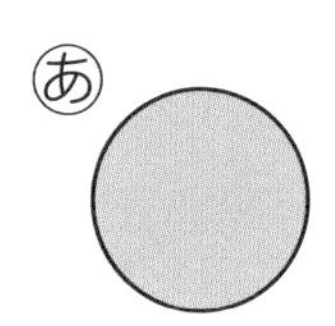

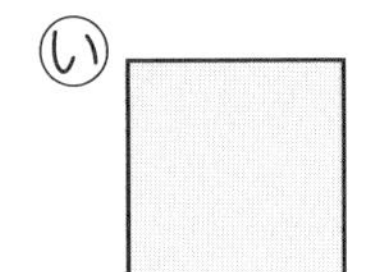

かさねると →

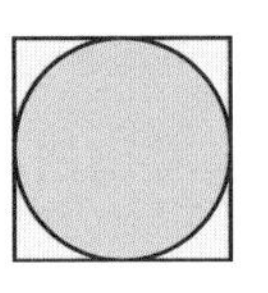

2 おなじ　おおきさの　えが　はって　あります。どちらが　ひろいですか。

3 あきなさんと　けんとさんが，じゃんけんでかったら　ますを　1つ　ぬる　じんとりあそびを　しました。ひろく　ぬったのはどちらですか。

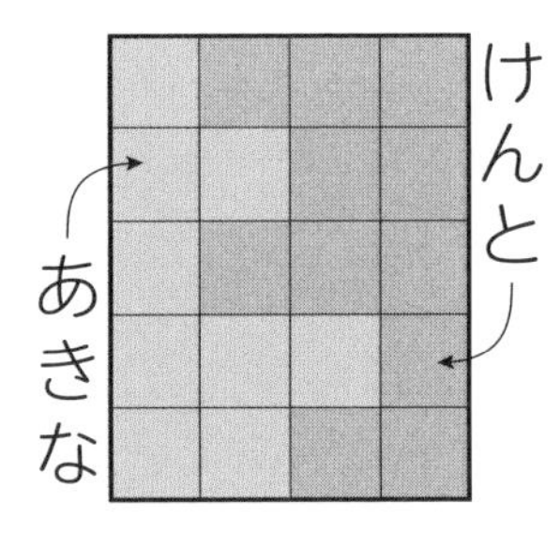

さん

こたえは74ページ

LESSON 25

まとめテスト ⑤

シール

月　日

せいかい 3こ中

ごうかく 2こ

1 おおく　はいって　いる　じゅんに　かきましょう。

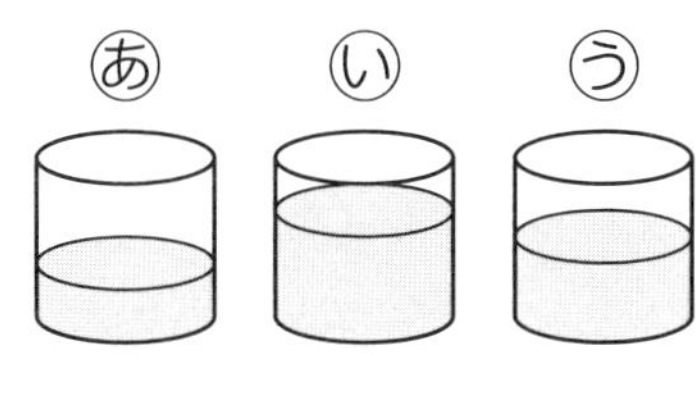

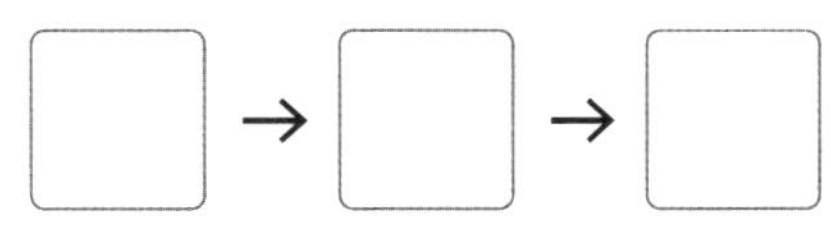

2 つくえの　よこの　ながさは　えんぴつ 4ほんぶん，たての　ながさは　えんぴつ　3ぼんぶんです。ながいのは　どちらですか。

3 かみを　おなじ　おおきさに　わけました。どちらの　かみが　ひろかったですか。

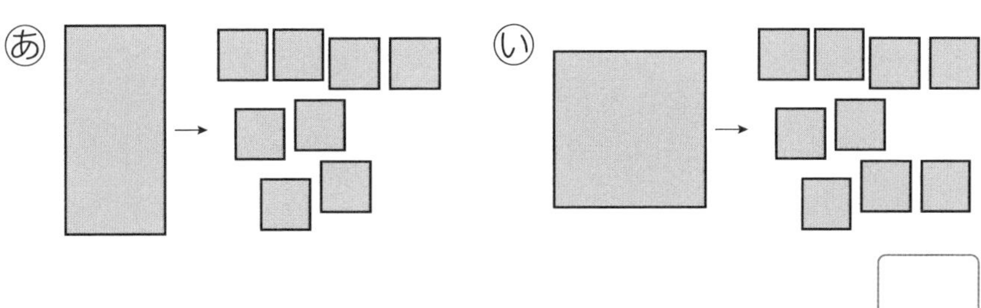

こたえは74ページ

LESSON 26

まとめテスト ⑥

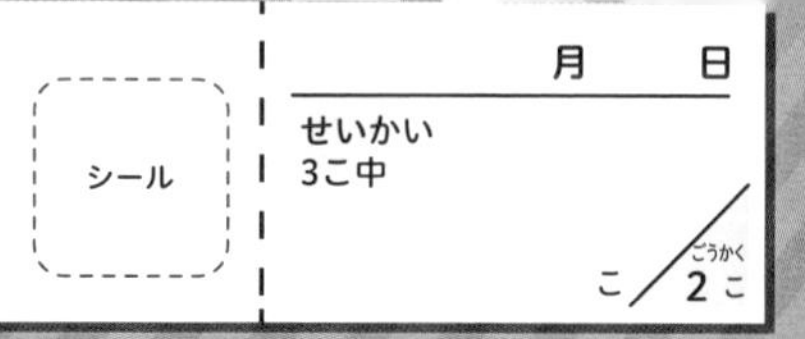

1 いちばん　ながいのは
どれですか。

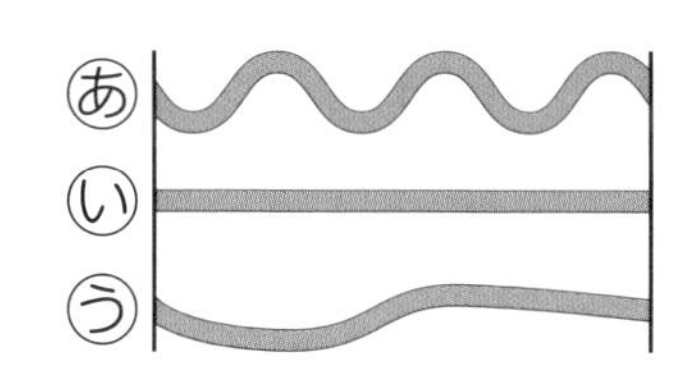

2 はいる　みずが　いちばん　すくないの
は　どれですか。

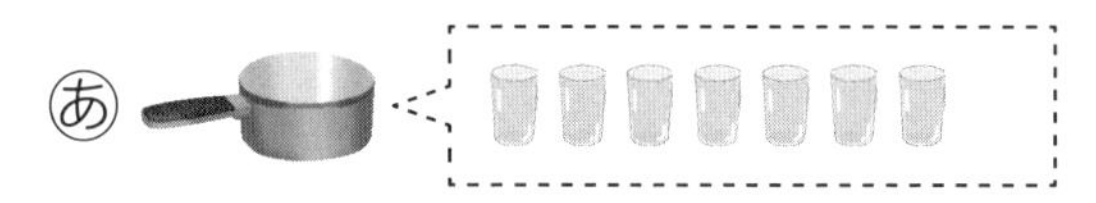

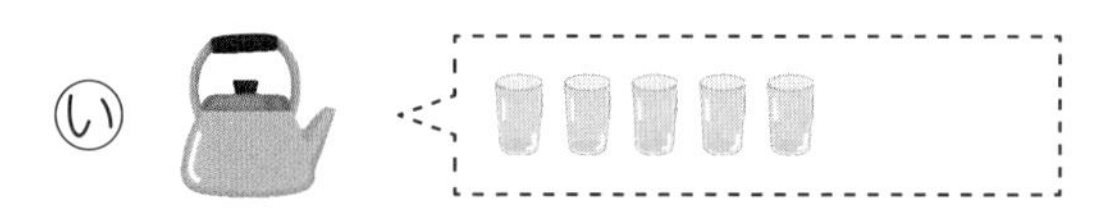

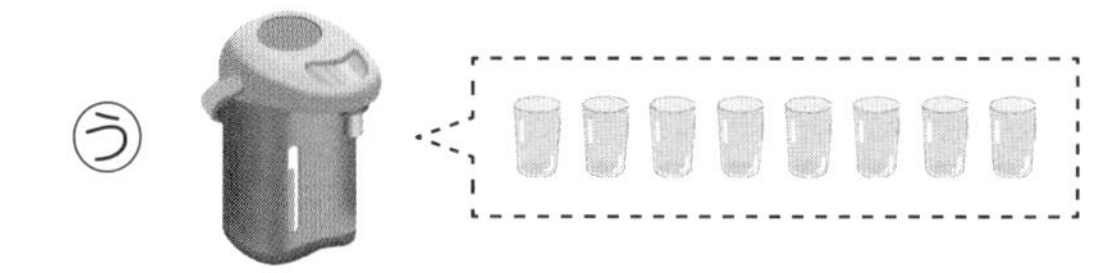

3 どちらが　ます　いくつぶん　ひろいで
すか。

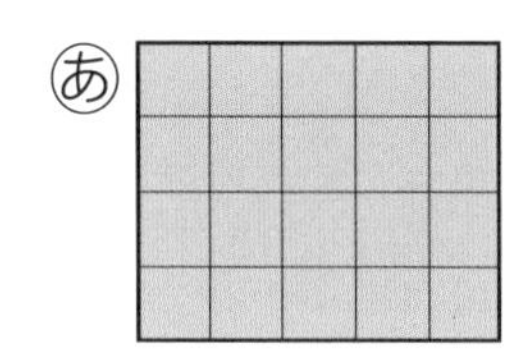

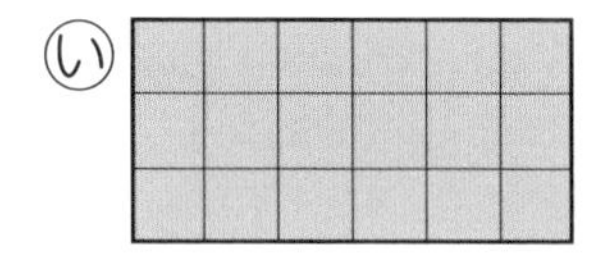

□ が □ つぶん　ひろい。

こたえは74ページ

LESSON 27

20までの　かず ①

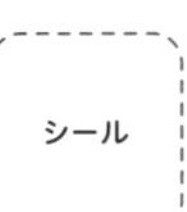

月　日

せいかい
4こ中
こ／ごうかく 3こ

1 おかしと　いちごが　あります。

① おかしは　なんこ　ありますか。

こ

② いちごは　なんこ　ありますか。

こ

2 あかぐみと　しろぐみが　わを　つくりました。

① あかぐみは　なんにん　いますか。

□ にん

② しろぐみは　なんにん　いますか。

□ にん

こたえは74ページ

LESSON 28

20までの　かず ②

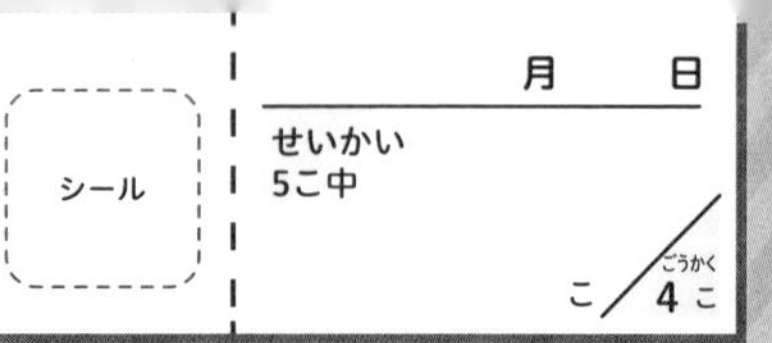

1 2まいの　カード(かあど)が　あります。□に　はいる　かずを　かきましょう。

❶ 10 と □ で 14

❷ 10 と 10 で □

2 10から　20までの　かずの　せんが　あります。

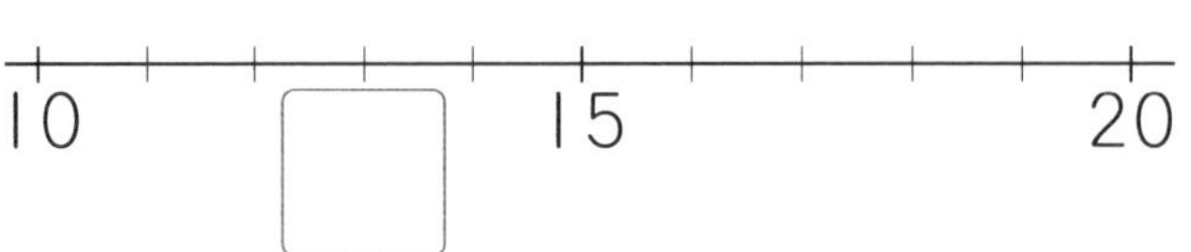

❶ □に　はいる　かずを　かきましょう。

❷ 12より　7　おおきい　かずは　いくつですか。

□

❸ 18より　2　ちいさい　かずは　いくつですか。

□

こたえは74ページ

LESSON 29

たしざん ①

シール

月　日

せいかい 3こ中　こ／ごうかく 2こ

1 ゆりさんは　おりがみを　7まい　もって　います。かえでさんから　5まい　もらいました。ぜんぶで　なんまいに　なりますか。

（しき）

まい

2 ほんだなに　えほんを　8さつ，どうわを　6さつ，ずかんを　3さつ　ならべました。

❶ えほんと　どうわを　あわせると，なんさつに　なりますか。

（しき）

さつ

❷ ならべた　ずかんと　えほんは，あわせて　なんさつですか。

（しき）

さつ

こたえは74ページ

LESSON 30

たしざん ②

シール

月　日

せいかい 3こ中

こ／ごうかく 2こ

1 バス(ばす)に　おとなが　14にん，こどもが　5にん　のって　います。みんなで　なんにん　のって　いますか。

（しき）

□ にん

2 さかなつりで　たけるさんは　7ひき，おとうさんは　12ひき　つりました。つれた　さかなは　ぜんぶで　なんびきですか。

（しき）

□ ひき

3 たまいれで　13こが　はいって，4こが　はいりませんでした。なげた　たまは　ぜんぶで　なんこでしたか。

（しき）

□ こ

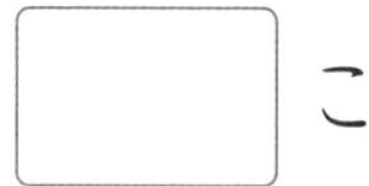

ひきざん ①

シール

月　日

せいかい 3こ中

こ

ごうかく 2こ

1 たけひご　15ほんのうち　3ぼんを つかうと，なんぼん　のこりますか。

（しき）

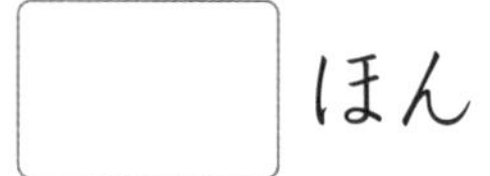

2 むしを　16ぴき　つかまえました。かぶとむしは　5ひきで，のこりは　くわがたむしです。くわがたむしは　なんびきですか。

（しき）

3 あかい　かみが　18まい，しろい　かみが　4まい　あります。あかい　かみは　しろい　かみより　なんまい　おおいですか。

（しき）

まい

こたえは74ページ

LESSON 32

ひきざん ②

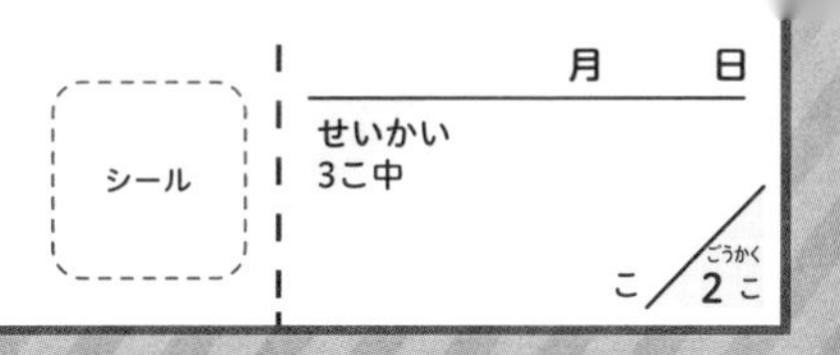

1 バス(ばす)が　11だい　とまって　います。7だいが　しゅっぱつしました。のこりは　なんだいですか。

(しき)

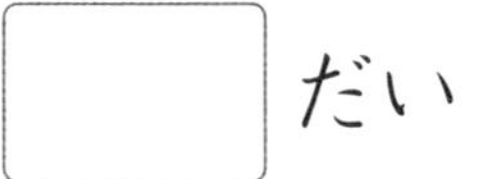

2 14ほんの　えんぴつのうち，8ぽんは　けずって　あります。けずって　いない　えんぴつは　なんぼんですか。

(しき)

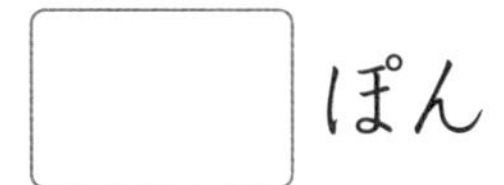

3 12ほんの　くじが　あります。そのうち　9ほんは　はずれです。あたりくじは　なんぼん　ありますか。

(しき)

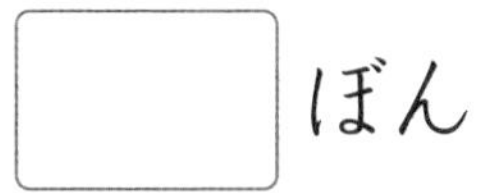

こたえは75ページ

たしざんや ひきざん ①

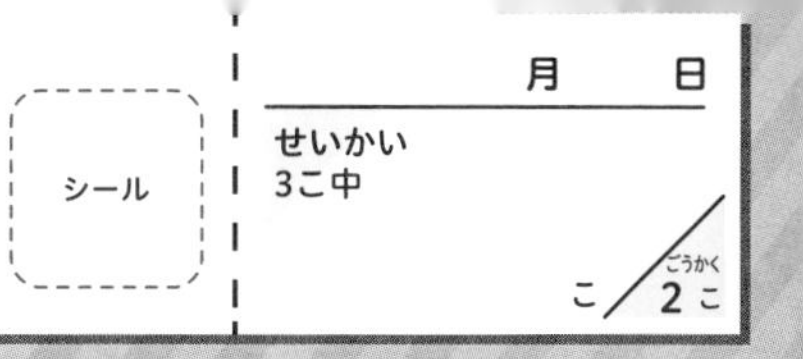

1 ペットショップ（ぺっとしょっぷ）に いぬが 6ぴき，ねこが 3びき います。いぬと ねこの かずの ちがいは なんびきですか。

（しき）

□ びき

2 けんたさんは カード（かあど）を 8まい もって います。そらさんに 5まい あげると なんまい のこりますか。

（しき）

□ まい

3 かごに りんごが 3こ，みかんが 7こ はいって います。ぜんぶで なんこ ありますか。

（しき）

□ こ

たしざんや ひきざん ②

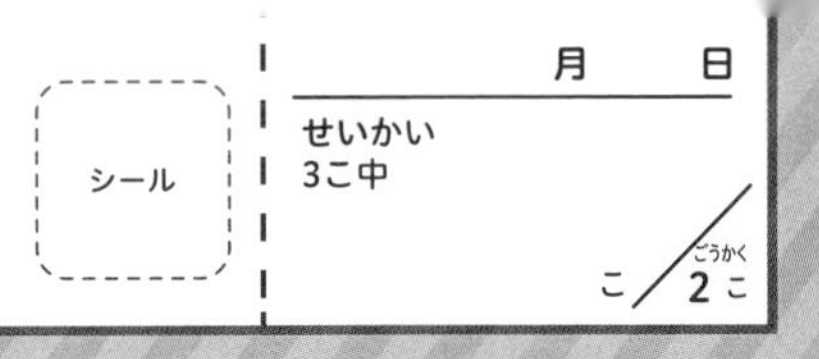

1 くろと　あかの　ボールペン(ぼうるぺん)が　9ほん　あります。そのうち　あかの　ボールペンは　3ぼんです。くろの　ボールペンは　なんぼん　ありますか。

（しき）

□ ぽん

2 こどもが　5にんで　あそんで　います。あとから　9にん　きました。

① みんなで　なんにんに　なりましたか。

（しき）

□ にん

② はじめに　あそんで　いた　こどもと，あとから　きた　こどもの　ちがいは　なんにんですか。

（しき）

□ にん

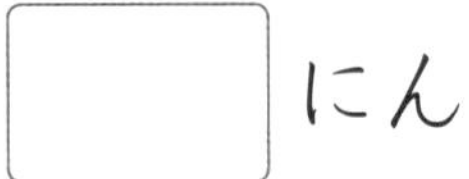
こたえは75ページ

LESSON 35

たしざんや ひきざん ③

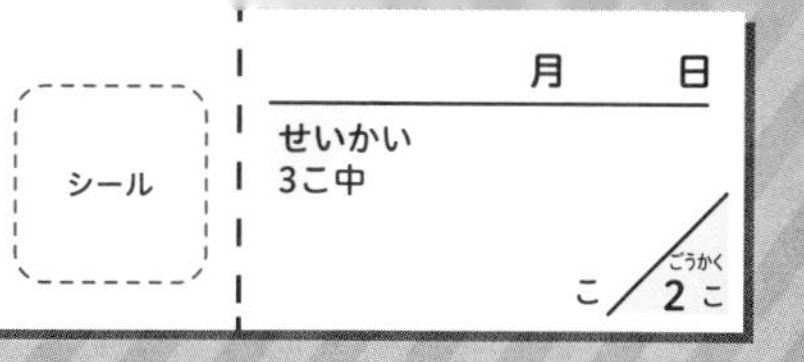

1 こども 14にんと おとな 3にんで ゆうえんちに いきました。

❶ みんなで なんにんで いきましたか。

（しき）

□ にん

❷ おとなと こどもの ちがいは なんにんですか。

（しき）

□ にん

2 けんとさんと ゆいなさんが わなげを しました。けんとさんは 6こ いれ，ぜんぶで 18こ はいりました。ゆいなさんは なんこ いれましたか。

（しき）

□ こ

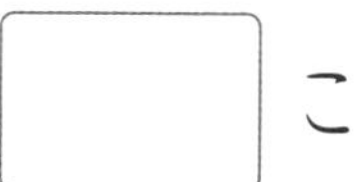
こたえは75ページ

LESSON 36

たしざんや ひきざん ④

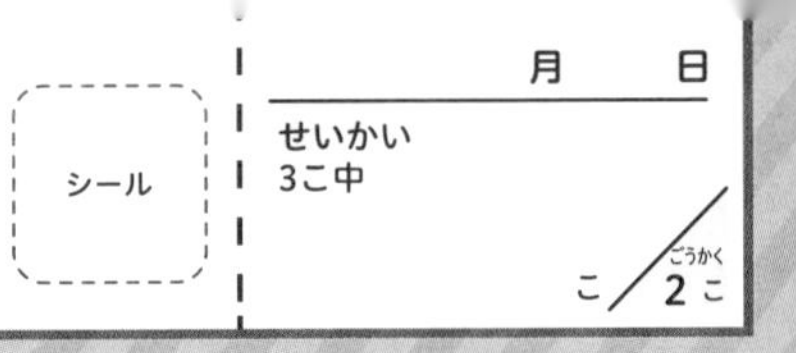

1 いちごを たけるさんは 8こ，あやかさんは 12こ たべました。ぜんぶで なんこ たべましたか。

（しき）

2 2つの かずが あります。1つは 7で，あわせると 16です。もう 1つの かずは いくつですか。

（しき）

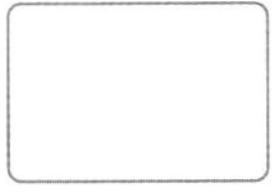

3 いろがみが 11まい あります。7まい つかいました。あと なんまい のこって いますか。

（しき）

まとめテスト ⑦

シール

月　日

せいかい 3こ中

こ／ごうかく 2こ

1 えんぴつが　7ほん　あります。そのうち　けずって　いない　えんぴつは　4ほんです。けずって　ある　えんぴつは　なんぼんですか。

（しき）

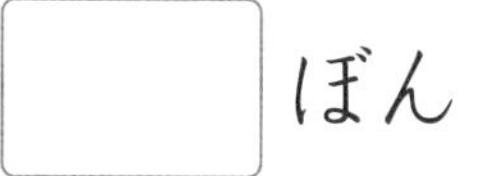

ぼん

2 はがきが　6まい，きってが　13まいあります。ぜんぶの　はがきに　きってを　はりました。きっては　なんまい　のこって　いますか。

（しき）

□ まい

3 かいてんずしで　にぎりを　8こ，のりまきを　4こ　たべました。ぜんぶで　なんこ　たべましたか。

（しき）

□ こ

こたえは75ページ

まとめテスト ⑧

シール　　月　日　せいかい 3こ中　こ／ごうかく 2こ

1 なわとびで　1かいめは　16かい，2かいめは　5かい　とびました。どちらが　なんかい　おおく　とびましたか。

（しき）

□かいめが　□かい　おおい。

2 かびんに　はなが　6ぽん　あります。2ほん　とると，のこりは　なんぼんですか。

（しき）

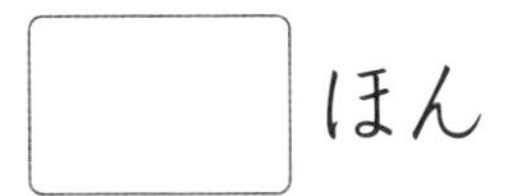

3 たけるさんは　7さい，さくらさんは　12さいです。ふたりの　ちがいは　なんさいですか。

（しき）

こたえは75ページ

LESSON 39

いろいろな　かたち ①

シール

月　　日

せいかい 5こ中　　こ　ごうかく 4こ

1 かたちが　おなじ　なかまに　わけましょう。

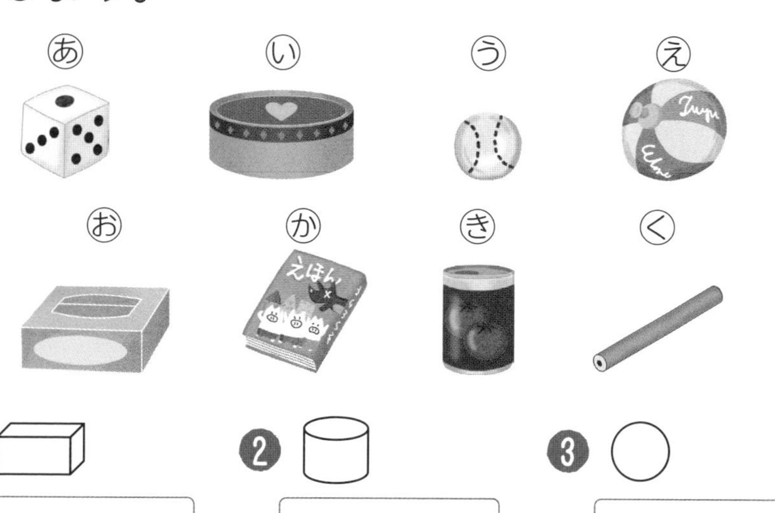

❶

❷

❸

2 ほかと　ちがう　かたちを　えらびましょう。

❶ あ　い　う　え

❷ あ　い　う　え

こたえは75ページ

いろいろな かたち ②

シール

月 日

せいかい 4こ中

こ／ごうかく 3こ

1 ころがりやすい かたちと ころがりにくい かたちに わけましょう。

❶ ころがりやすい

❷ ころがりにくい

2 かたちが おなじ なかまに わけましょう。

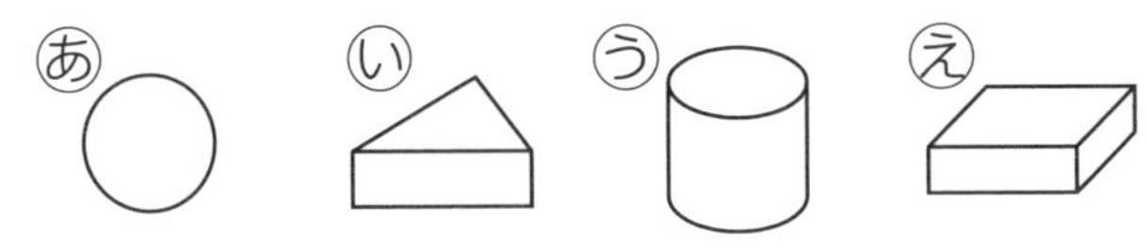

❶ ころがる かたち

❷ たかく つめる かたち

こたえは76ページ

いろいろな　かたち ③

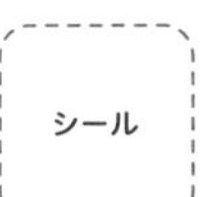

月　日

せいかい 5こ中　こ　ごうかく 4こ

1 つみ木を　うつしとって　できた　かたちが　あります。どの　つみ木を　うつしとったのでしょう。

 ① 　② 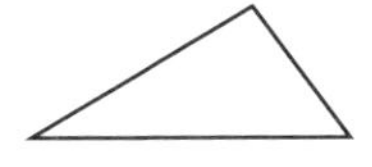　③ 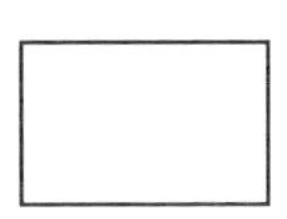　④ 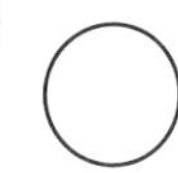

㋐ 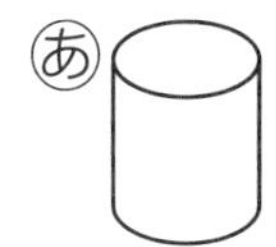　㋑ 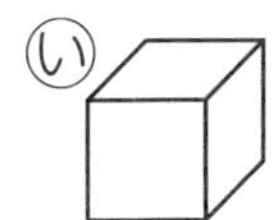　㋒ 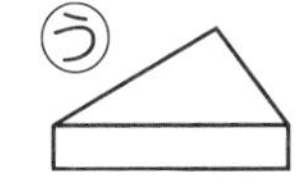　㋓ 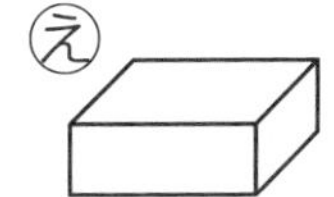

2 右の　つみ木を　つかって　かく　ことが　できる　えを　えらびましょう。

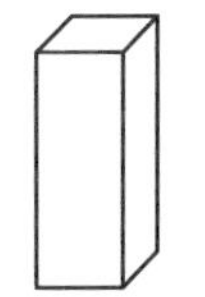 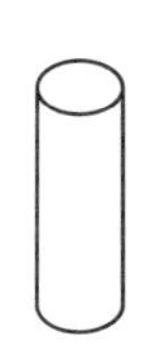

㋐ 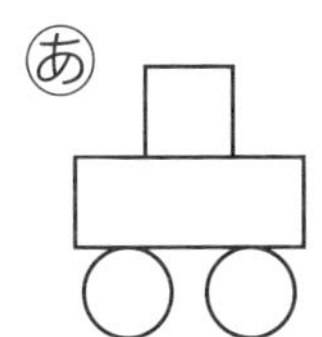　 ㋑ 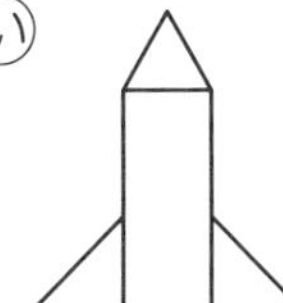

こたえは76ページ

LESSON 42

かたちづくり ①

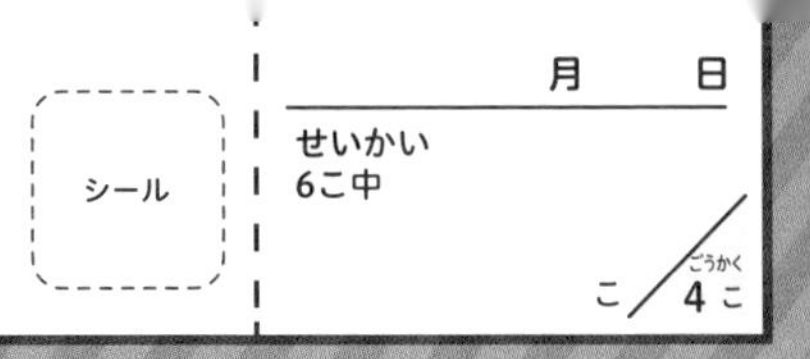

1 さんかくと　しかくと　まるの　なかまに　わけましょう。

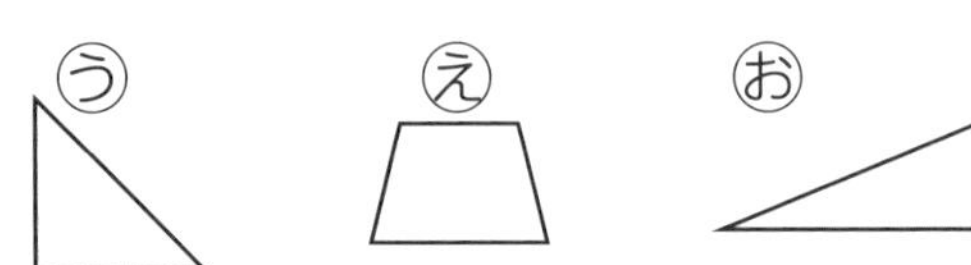

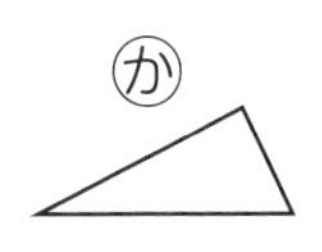

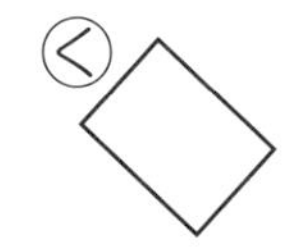

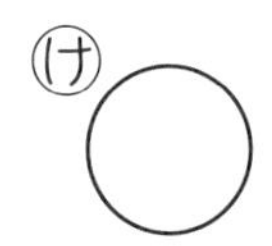

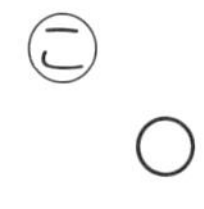

① さんかく　② しかく　③ まる

2 えの　中(なか)に，さんかくと　まると　しかくは　なんこずつ　ありますか。

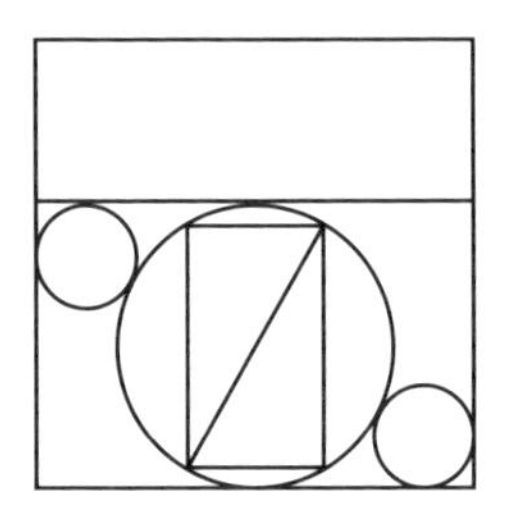

① さんかく 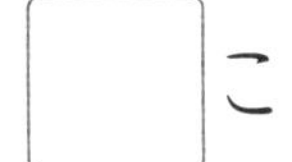 こ

② まる □ こ

③ しかく □ こ

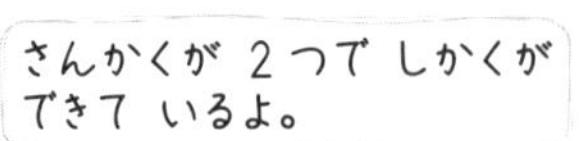

こたえは76ページ

LESSON

43 かたちづくり ②

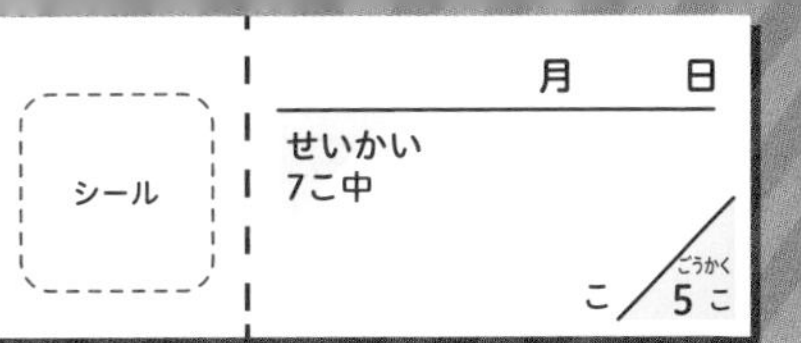

1 を　なんまい　つかって　いますか。

①
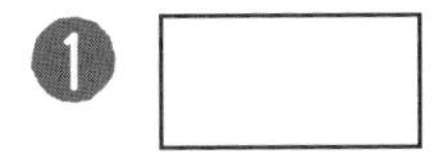

②
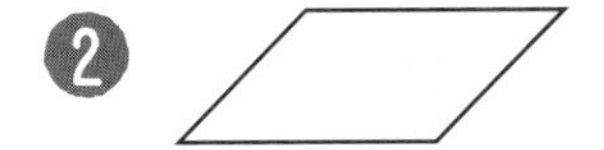

③
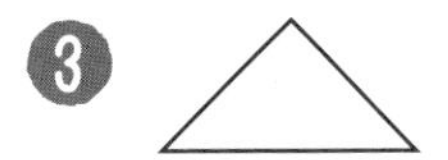

④
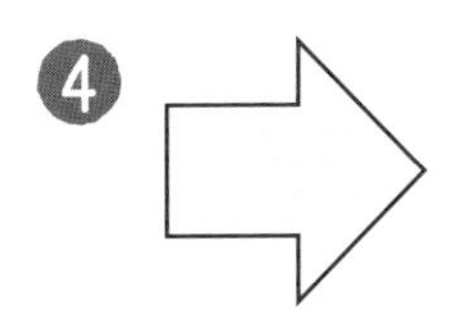

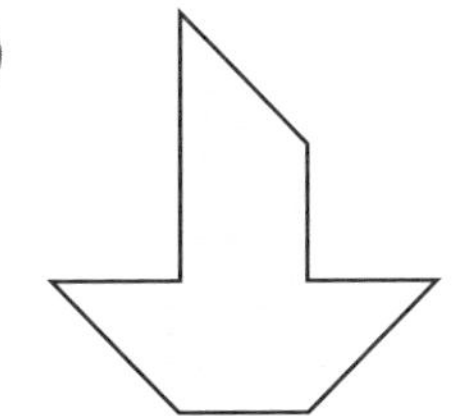

⑥
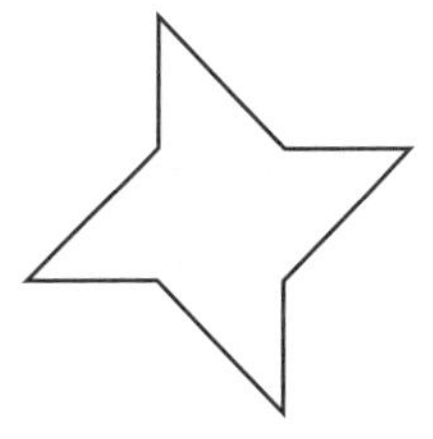

まい

2 いたを　１まい　うごかして　かたちを　かえました。どの　いたを　うごかしましたか。

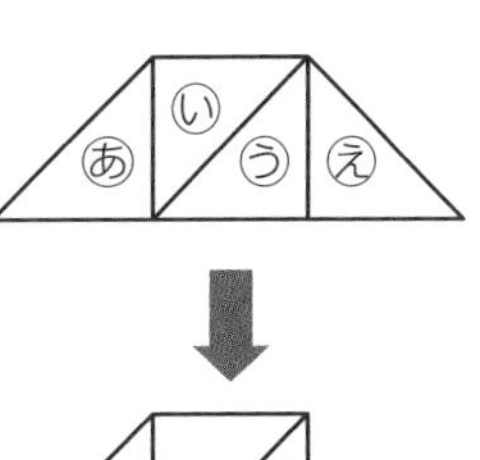

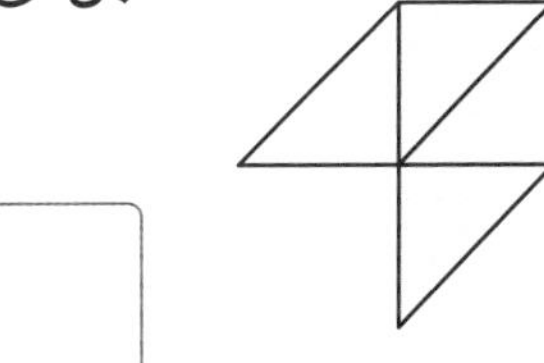

こたえは76ページ

LESSON 44

かたちづくり ③

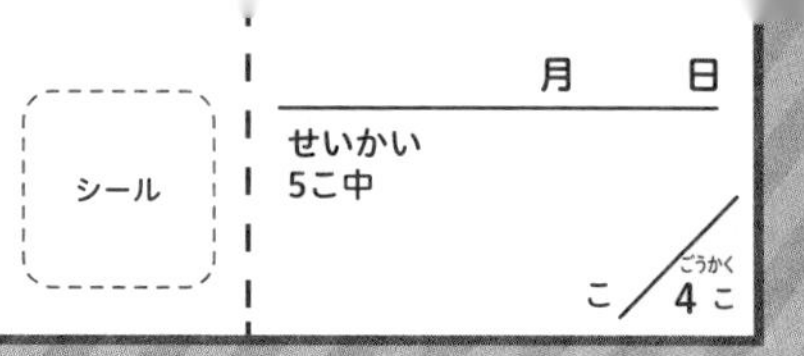

1 ぼうを　つかって　いろいろな　かたちを　つくりました。なん本　つかって　いますか。

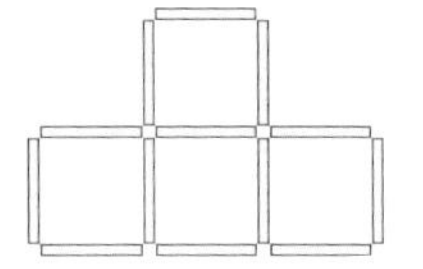

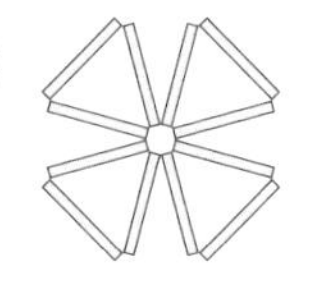
③
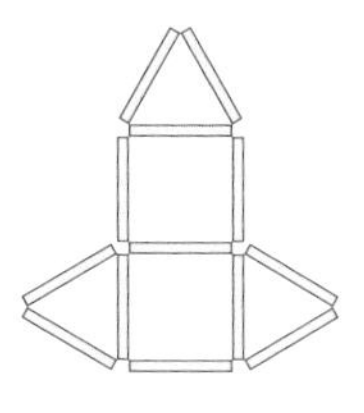

 本　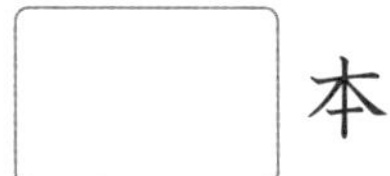 本　本

2 ぼうを　つかって　かたちを　つくりました。

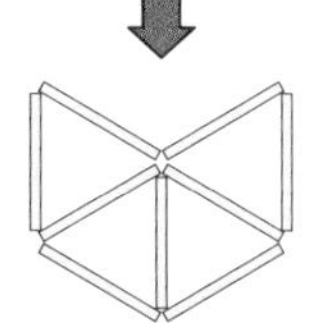

① なん本　つかって　いますか。

 本

② 2本　うごかして　かたちを　かえました。どの　ぼうを　うごかしましたか。

こたえは76ページ

LESSON 45

とけい ①

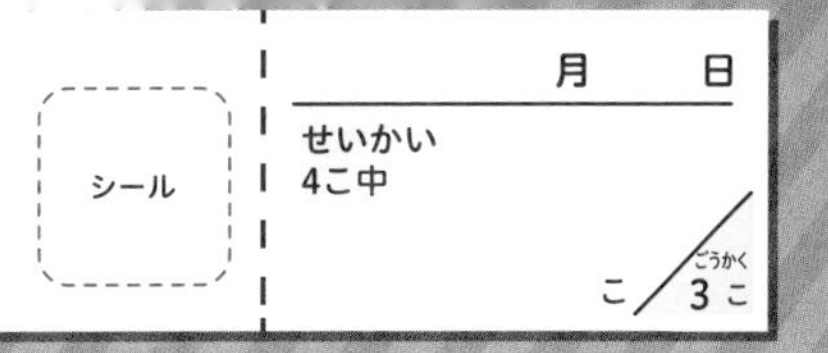

1 ゆりさんが　あさ　おきた　ときに　見(み)た　とけいです。とけいを　よみましょう。

□ じ

2 りかさんが　学校(がっこう)へ　いく　ときの　とけいです。とけいを　よみましょう。

□ じ □ ふん

3 ひろとさんが　あそびに　いった　ときと　いえに　かえって　きた　ときの　とけいです。とけいを　よみましょう。

□ じ

②

 じ  ふん

こたえは76ページ

LESSON 46

とけい ②

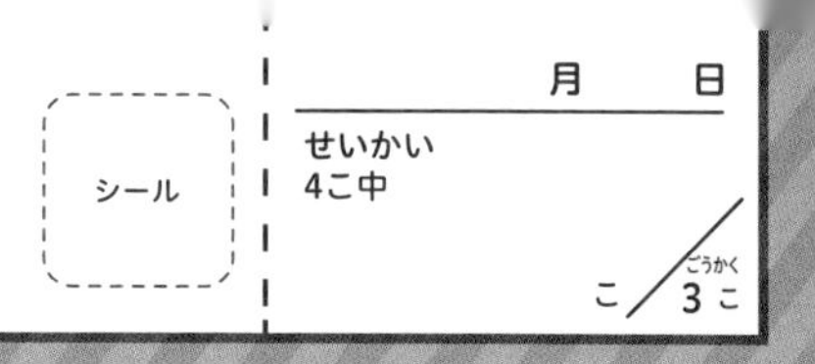

1 下(した)の とけいを 見(み)て こたえましょう。

❶ もうすぐ 3じに なる
とけいは どれですか。

❷ あの とけいを よみましょう。

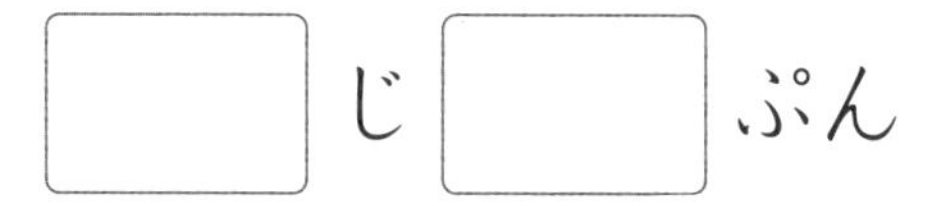

2 とけいに ながい はりを かきましょう。

こたえは76ページ

まとめテスト ⑨

シール

月　日

せいかい 4こ中　こ／ごうかく 3こ

1 かたちを　すべて　えらびましょう。

㋑ 

㋒ 

㋓ 

❶ ころがりやすい　かたち

❷ しかくが　うつしとれる　かたち

❸ まるが　うつしとれる　かたち

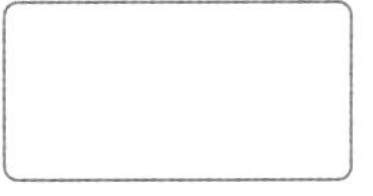

2 ぼうを　つかって　かたちを　つくりました。なん本(ぼん)　つかって　いますか。

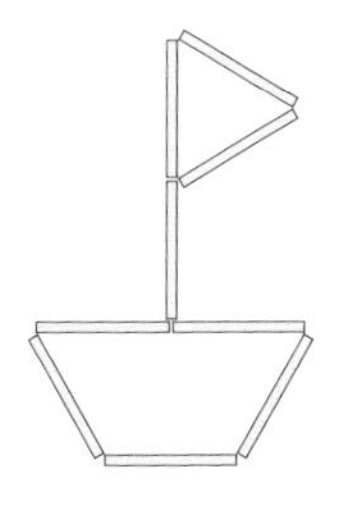

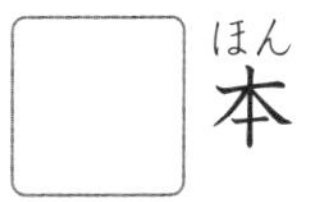

本(ほん)

こたえは77ページ

LESSON 48

まとめテスト ⑩

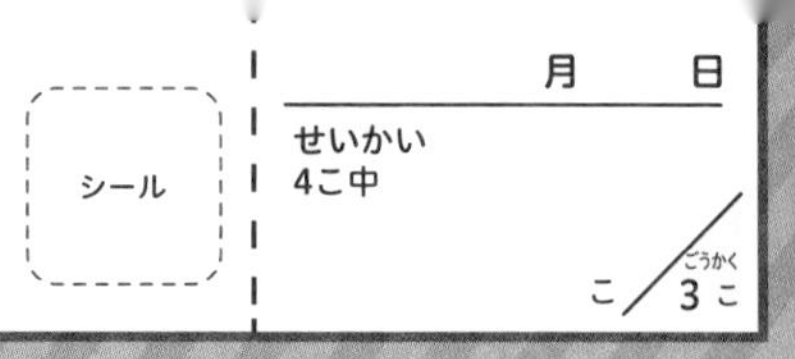

1 ◺を　なんまい　つかって　いますか。

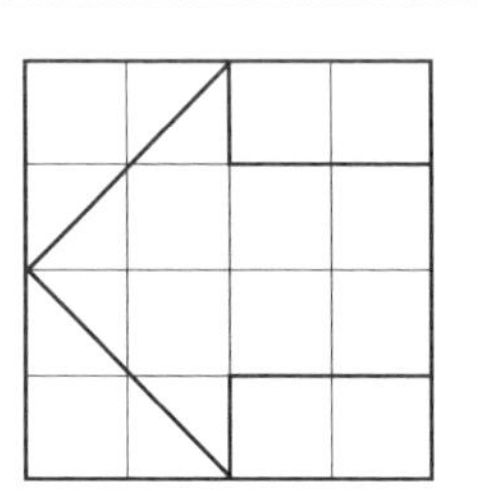

□ まい

2 いたを　１まい　うごかして　かたちを　かえました。どの　いたを　うごかしましたか。

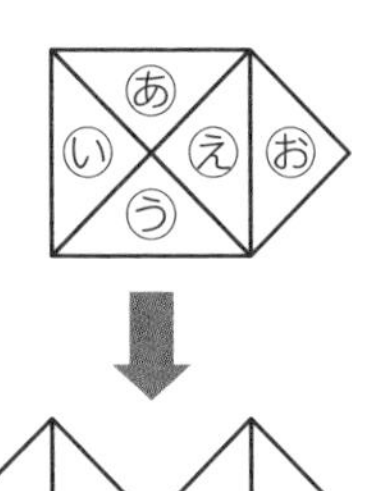

□

3 とけいを　よみましょう。

①

□ じ □ ふん

②

じ

ふん

こたえは77ページ

3つの　かずの　けいさん ①

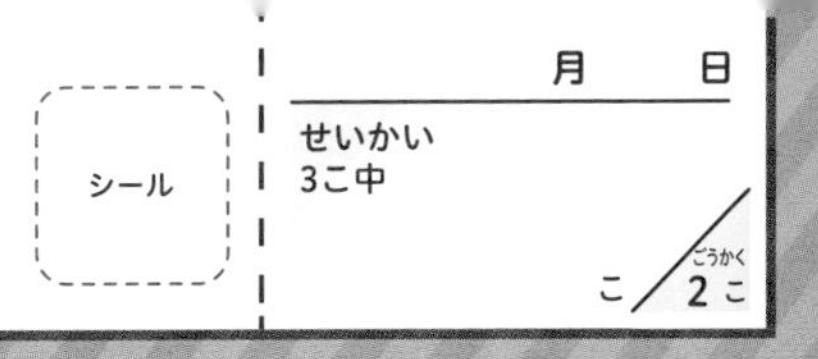

1 子(こ)どもが　3人(にん)　あそんで　います。そこに　1人(ひとり)　きました。そのあと　4人　きました。みんなで　なん人に　なりましたか。

（しき）

□ 人

2 赤(あか)，白(しろ)，きいろの　いろがみを　あわせて　6まい　もって　います。まもるさんから　赤を　1まい，白を　2まい　もらいました。ぜんぶで　なんまいに　なりましたか。

（しき）

□ まい

3 バスに　4人　のって　います。バスていで　おとな　3人と　子ども　2人(ふたり)が　のって　きました。のって　いるのは　なん人ですか。

（しき）

□ 人

こたえは77ページ

3つの　かずの　けいさん ②

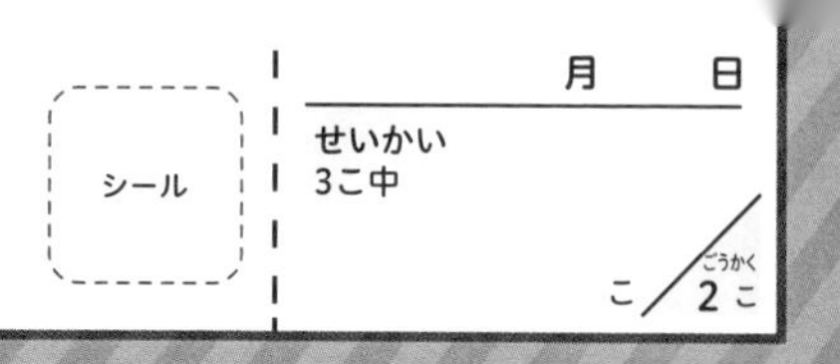

1 せんべいが　8まい　ありました。きのう　3まい，きょう　2まい　たべました。のこりは　なんまいですか。

（しき）

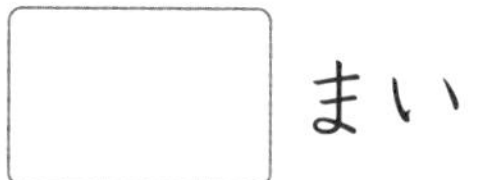

2 7日（なのか）のうち　雨（あめ）が　2日（ふつか），くもりが　3日（みっか）で，のこりは　はれでした。はれの日（ひ）は　なん日（にち）でしたか。

（しき）

3 あめ　15このうち　おとうとに　6こ，いもうとに　3こ　あげました。あめは　なんこ　のこって　いますか。

（しき）

こたえは77ページ

3つの かずの けいさん ③

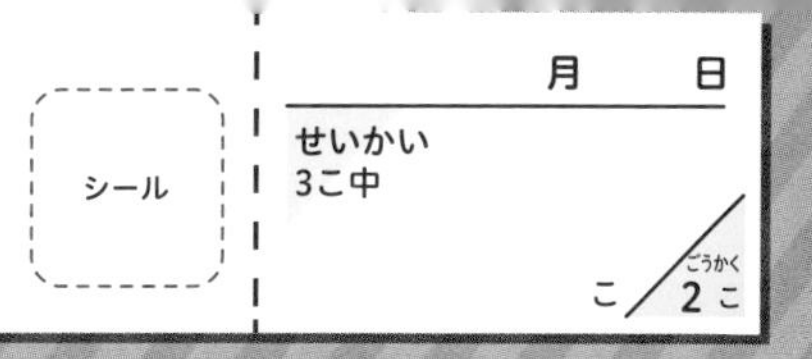

1 こうきさんは 7さい，かずやさんは 9さい，ゆきさんは 2さいです。3人(にん)の ねんれいを あわせると，なんさいに なりますか。

（しき）

2 ななさんは え本(ほん)を 5さつ，ずかんを 3さつ，どうわを 4さつ もって います。ぜんぶで 本は なんさつ ありますか。

（しき）

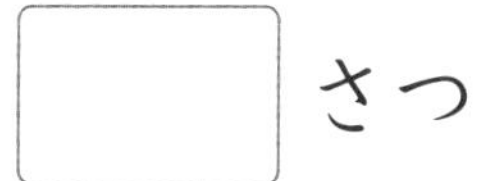

3 花(か)びんに 12本の 花(はな)が ありました。さらに きのう 2本，きょう 3本(ぼん)の 花を 入(い)れました。花は ぜんぶで なん本ですか。

（しき）

こたえは77ページ

3つの　かずの　けいさん ④

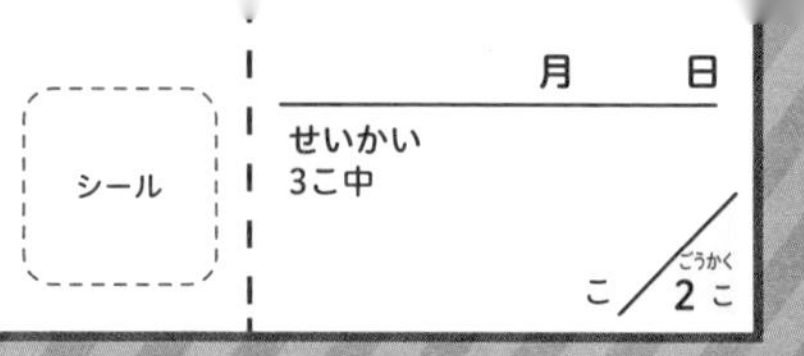

1 けいさんもんだいが　18だい　あります。あさに　4だい，ひるに　3だい　しました。あと　なんだい　のこって　いますか。

（しき）

□ だい

2 3人で　玉入れを　して　ぜんぶで　18こ　入りました。ゆかさんは　7こ，あきさんは　2こ　入れました。ななさんは　なんこ　入れましたか。

（しき）

□ こ

3 みせに　15人が　ならんで　います。2人が　入って，そのあと　3人が　入りました。まだ　なん人　ならんで　いますか。

（しき）

□ 人

こたえは77ページ

3つの　かずの　けいさん ⑤

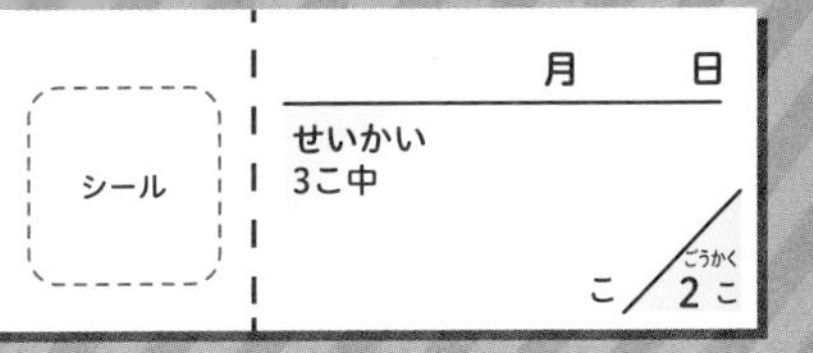

1 みかんが　4こ　あります。きょう　5こ　かって　きて，2こ　たべました。なんこ　のこって　いますか。

（しき）

2 まりさんは　おりがみを　6まい　もって　います。2まい　つかって，ももかさんから　3まい　もらいました。まりさんは　なんまい　もって　いますか。

（しき）

3 こうえんで　子(こ)どもが　15人(にん)　あそんで　います。1年生(ねんせい)が　9人　かえり，2年生が　2人(ふたり)　きました。子どもは　なん人　いますか。

（しき）

こたえは78ページ

3つの　かずの　けいさん ⑥

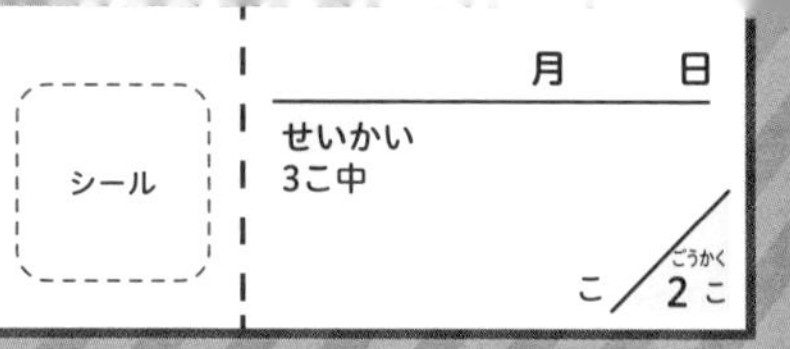

1 いけに　かしボートが　8そう　とまって　います。5そうが　きて，2そうが　出(で)て　いきました。ボートは　なんそうのこって　いますか。

（しき）

□ そう

2 ゆりさんは　いろがみを　12まい　もって　います。かなさんから　5まい　もらって，うみさんに　4まい　あげました。ゆりさんの　いろがみは　なんまいに　なりましたか。

（しき）

□ まい

3 みかんがりに　いって　13こ　とって，4こ　たべました。そのあと　6こ　とりました。みかんは　ぜんぶで　なんこ　ありますか。

（しき）

□ こ

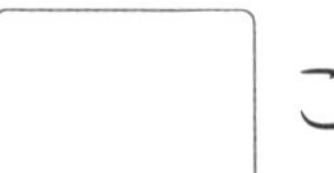

LESSON 55

大(おお)きい　かず ①

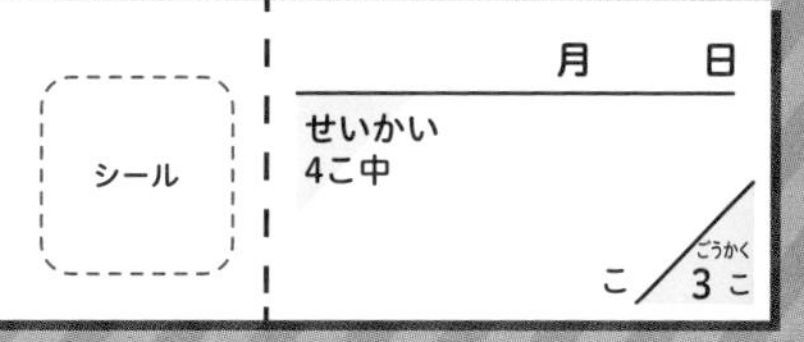

1 たまごと　つみ木(き)が　あります。

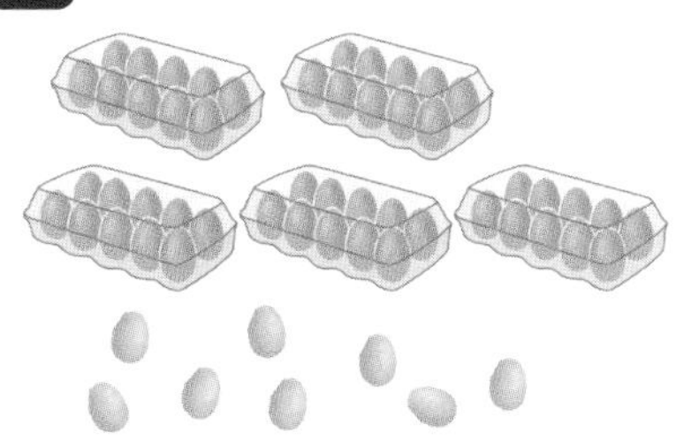

❶ たまごは　なんこ　ありますか。

❷ つみ木は　なんこ　ありますか。

2 いろがみが　80まい　あります。それを　10まいずつ　たばに　します。いろがみの　たばは　なんたば　できますか。

□ たば

3 10こ入(い)りの　おかしの　はこが　9つと，6こ入りの　はこが　1つ　あります。おかしは　ぜんぶで　なんこ　ありますか。

□ こ

こたえは78ページ

LESSON 56

大(おお)きい　かず ②

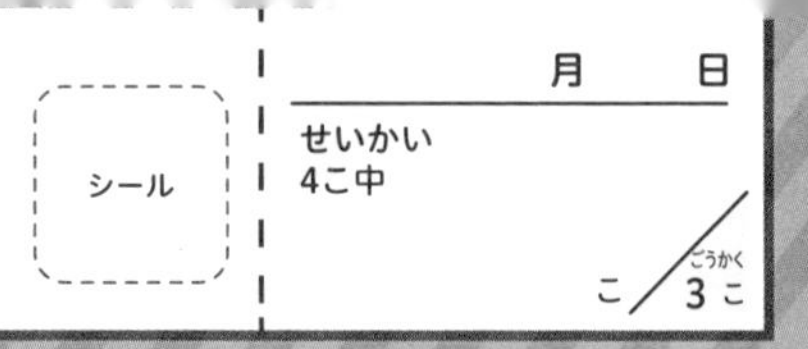

1 いろがみは　ぜんぶで　なんまい　ありますか。

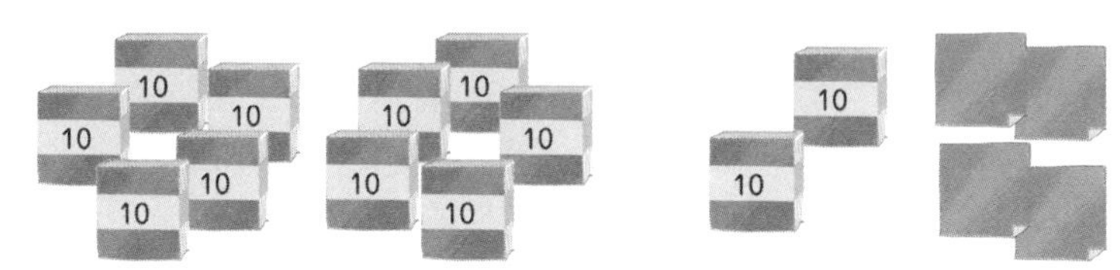

□ まい

2 100 から　120 までの　かずの　せんが　あります。

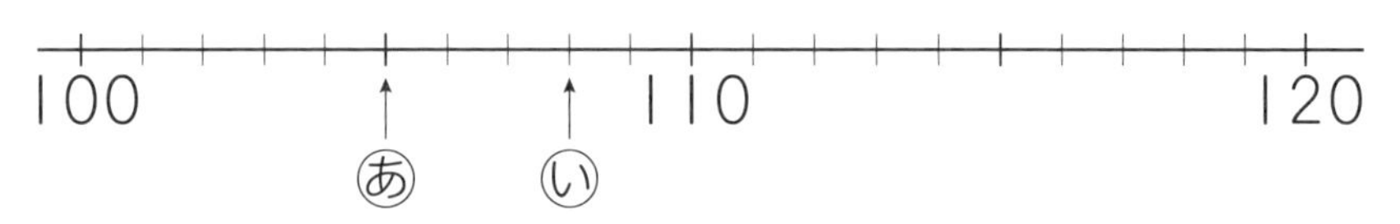

❶ ㋐は　いくつですか。

❷ ㋑は　いくつですか。

❸ ㋐より　9　大きい　かずは　いくつですか。

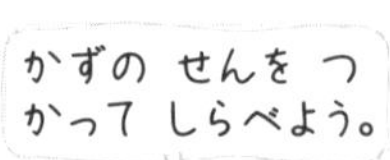

大きい　かずの　けいさん ①

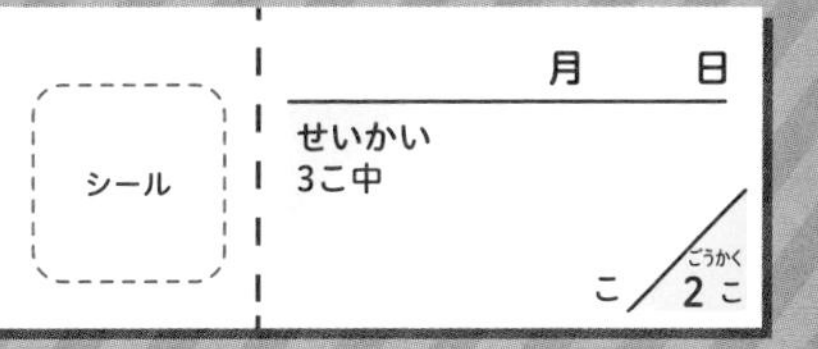

1 いろがみが　40まい　あります。きょう　50まい　かって　きました。ぜんぶで　なんまいに　なりましたか。

（しき）

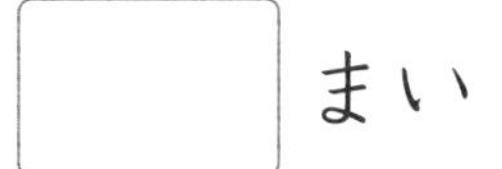

2 30人が　のって　いる　バスに　8人が　のって　きました。ぜんぶで　なん人　のって　いますか。

（しき）

3 花だんに　さいて　いる　60本の　花から　6本を　きって，花びんに　入れました。のこりの　花は　なん本ですか。

（しき）

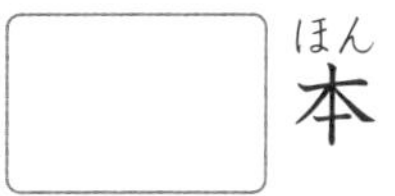

こたえは78ページ

LESSON 58

大(おお)きい　かずの　けいさん ②

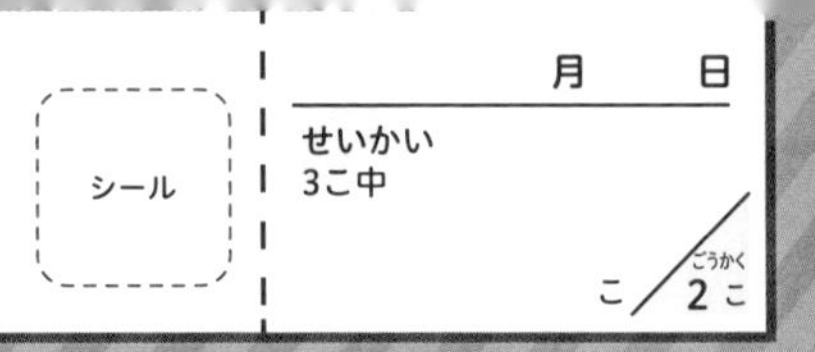

1 でん車(しゃ)に　60人(にん)が　のって　います。つぎの　えきで　40人が　のりました。ぜんぶで　なん人　のって　いますか。

（しき）

□ 人

2 あめが　80こ　あります。子(こ)どもに　50こ　くばりました。のこりは　なんこですか。

（しき）

□ こ

3 りんごが　90こ　あります。これを　10こ入(い)りの　はこ　6つに　入れました。のこりの　りんごは　なんこですか。

（しき）

□ こ

こたえは78ページ

まとめテスト ⑪

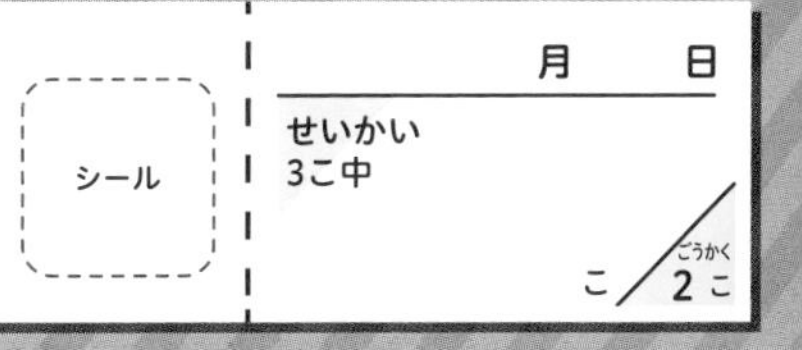

1 ゲームを　しました。けんたさんは　6てん，ななさんと　ゆかさんは　2てんでした。3人（にん）の　とくてんを　ぜんぶ　あわせると　なんてんですか。

（しき）

□ てん

2 こうえんに　人（ひと）が　80人（にん）　います。30人　かえりました。こうえんには　なん人　のこって　いますか。

（しき）

□ 人

3 ふくろに　あめが　20こ　入（はい）って　います。8こを　出（だ）しました。そのうち　6こ　たべて，2こは　ふくろに　もどしました。あめは　なんこ　のこって　いますか。

（しき）

□ こ

こたえは78ページ

まとめテスト ⑫

シール

月　日

せいかい 3こ中　こ／ごうかく 2こ

1 せんせいは　40さいです。ゆうかさんは 7さいです。2人（ふたり）の　ねんれいを　あわせると，なんさいに　なりますか。

（しき）

□ さい

2 けいさんプリントが　10まい　あります。きのうは　2まい，きょうは　3まい　しました。あと　なんまい　のこって　いますか。

（しき）

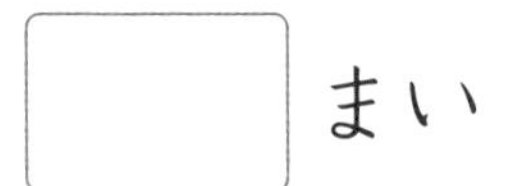

3 本（ほん）が　13さつ　あります。そのうち　6さつ　よみました。きょう　ともみさんから　4さつ　もらいました。まだ　よんでいない　本は　なんさつ　ありますか。

（しき）

□ さつ

こたえは78ページ

LESSON 61 じゅんばん ①

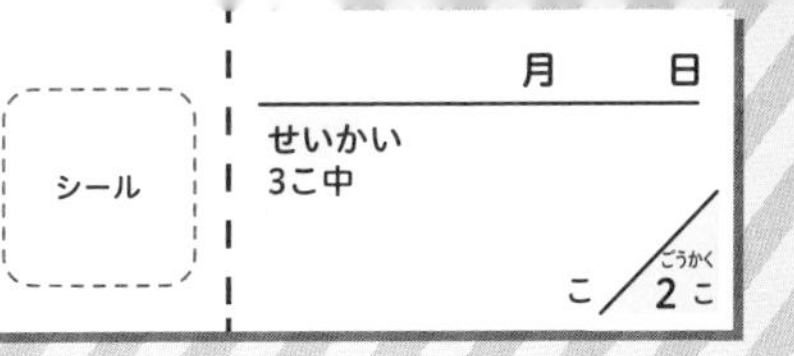

1 子(こ)どもが　１れつに　ならんで　います。えりかさんの　まえには　６人(にん)，うしろには　３人　います。

❶ えりかさんは　まえから　なんばん目(め)ですか。

（しき）

□ばん目

❷ みんなで　なん人　ならんで　いますか。

（しき）

□人

2 バスていに　人(ひと)が　ならんで　います。ひろしさんの　まえには　４人，うしろには　９人　います。みんなで　なん人　ならんで　いますか。

（しき）

□人

こたえは78ページ ☞

LESSON 62

じゅんばん ②

シール

月　日

せいかい 3こ中　こ　ごうかく 2こ

1 子(こ)どもが　1れつに　12人(にん)　ならんで います。そうたさんの　うしろには　8人　います。そうたさんは　まえから なんばん目(め)ですか。

（しき）

□ばん目

2 20だんの　かいだんが　あります。ひろしさんは　11だん目まで　のぼりました。いちばん　うえの　かいだんまで，あと　なんだん　ありますか。

（しき）

□だん

3 15人の　子どもが，1れつに　ならんで　います。はるさんは　まえから　6ばん目です。はるさんの　うしろには なん人　ならんで　いますか。

（しき）

□人

こたえは79ページ

63 ものと 人の かず ①

月　日

せいかい 3こ中

こ ごうかく 2こ

1 みんなで しゃしんを とります。6つの いすに 1人ずつ すわり，うしろに 5人 立ちます。なん人で しゃしんを とりますか。

（しき）

□ 人

2 12人の 子どもが あめを 1こずつ もらいました。あめは まだ 6こ のこって います。あめは ぜんぶで なんこ ありましたか。

（しき）

□ こ

3 子ども 1人が すわれる いすが 9こ あります。いすに 1人ずつ すわると，すわれない 子どもが 3人 いました。子どもは ぜんぶで なん人 いますか。

（しき）

□ 人

こたえは79ページ ☞

ものと　人(ひと)の　かず ②

シール

月　日

せいかい
3こ中

こ／ごうかく 2こ

1 7人(にん)の　子(こ)どもに　がようしを　1まいずつ　くばりました。がようしは　まだ　5まい　のこって　います。がようしは　なんまい　ありましたか。

くばった がようしは
なんまいかな？

（しき）

まい

2 おもちゃが　ぜんぶで　13こ　あります。6人の　子どもに　1こずつ　くばります。おもちゃは　なんこ　のこりますか。

（しき）

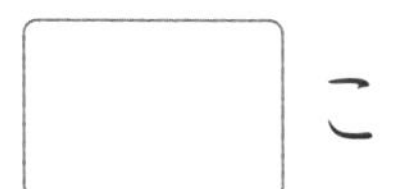

こ

3 がようしが　8まい　あります。12人の　子どもに　1まいずつ　くばります。がようしは　なんまい　たりないですか。

（しき）

まい

こたえは79ページ

おおい ほう すくない ほう ①

シール

月 日

せいかい 3こ中

こ／ごうかく 2こ

1 はこに りんごが 9こと みかんが 入(はい)って います。みかんは りんごより 6こ おおく 入って います。みかんは なんこ 入って いますか。

（しき）

□ こ

2 ゆいさんは え本(ほん)を 8さつ もって います。みきさんは ゆいさんより 3さつ おおいそうです。みきさんは え本を なんさつ もって いますか。

（しき）

□ さつ

3 白(しろ)の がようしは 1まい 7円(えん)です。青(あお)の がようしは，白の がようしより 5円 たかいそうです。青の がようしは 1まい いくらですか。

（しき）

□ 円

こたえは79ページ ☞

おおい　ほう　すくない　ほう ②

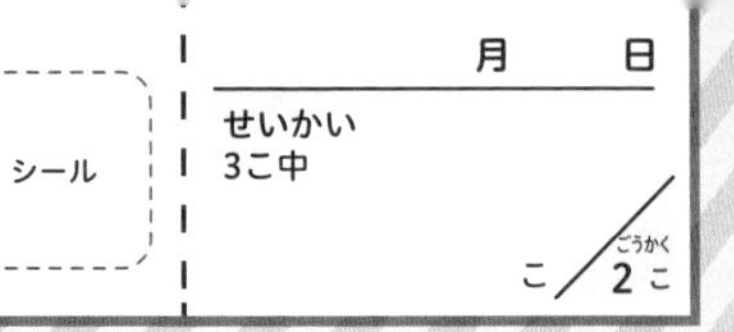

1 つくえが　22こ　あります。つくえは　いすより　7こ　おおいそうです。いすは　なんこ　ありますか。

（しき）

□こ

2 さくらさんは　シールを　20まい　もって　います。なおさんは　さくらさんより　7まい　すくないそうです。なおさんは　シールを　なんまい　もって　いますか。

（しき）

□まい

3 1年生(ねんせい)が　14人(にん)と　2年生が　なん人か　あそんで　います。2年生の　ほうが　人ずうが　すくなく，ちがいは　9人です。2年生は　なん人　いますか。

（しき）

□人

こたえは79ページ

LESSON 67

おなじ　かずずつ ①

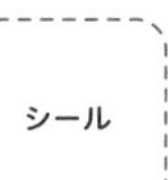

月　日

せいかい 3こ中

こ／ごうかく 2こ

1 3人(にん)の　子(こ)どもに　みかんを　2こずつ　くばります。みかんは　ぜんぶで　なんこ　いりますか。

（しき）

こ

2 子どもが　3人　います。おりがみを　1人(ひとり)に　4まいずつ　くばりました。おりがみは　ぜんぶで　なんまい　ありましたか。

（しき）

まい

3 3人の　子どもに　えんぴつを　6本(ぽん)ずつ　くばります。えんぴつは　ぜんぶで　なん本(ぼん)　いりますか。

（しき）

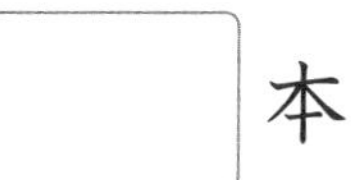

本

こたえは79ページ

おなじ　かずずつ ②

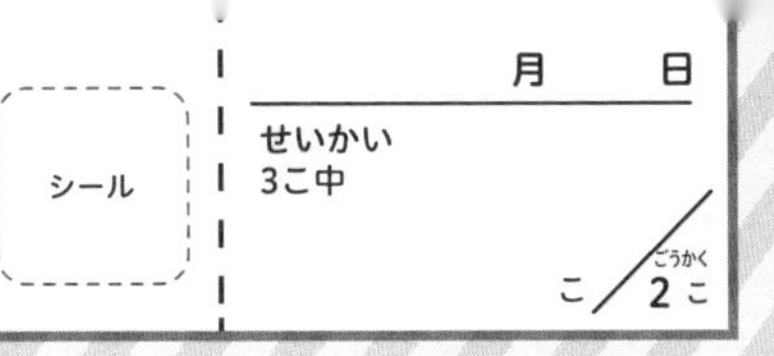

1 ケーキが　6こ　あります。子ども　1人に　2こずつ　くばります。なん人に　くばることが　できますか。

人

2 いろがみが　12まい　あります。1人に　4まいずつ　くばります。なん人に　くばることが　できますか。

人

3 18この　おかしを　おなじ　かずずつ　3つの　ふくろに　わけて　入れました。1つの　ふくろに　なんこずつ　入って　いますか。

こ

こたえは80ページ

LESSON 69

まとめテスト ⑬

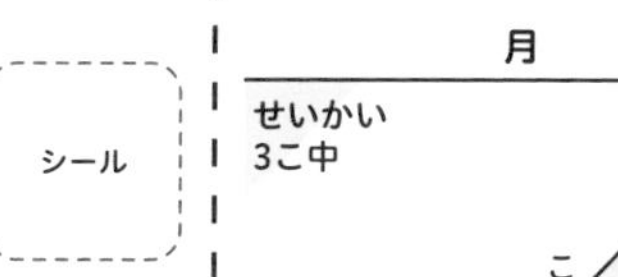

1 子(こ)どもが　１れつに　ならんで　います。あきなさんは　まえから　５ばん目(め)で，うしろには　６人(にん)　ならんで　います。ならんで　いるのは　ぜんぶで　なん人ですか。

(しき)

□ 人

2 １年生(ねんせい)　12人，２年生　９人が　１つの　いすに　１人(ひとり)ずつ　すわります。いすは　なんこ　あれば　よいですか。

(しき)

□ こ

3 なわとびを　して　ゆかさんは　12かい　とびました。めぐさんは　ゆかさんより　４かい　すくなかったそうです。めぐさんは　なんかい　とびましたか。

(しき)

□ かい

こたえは80ページ ☞

LESSON 70

まとめテスト ⑭

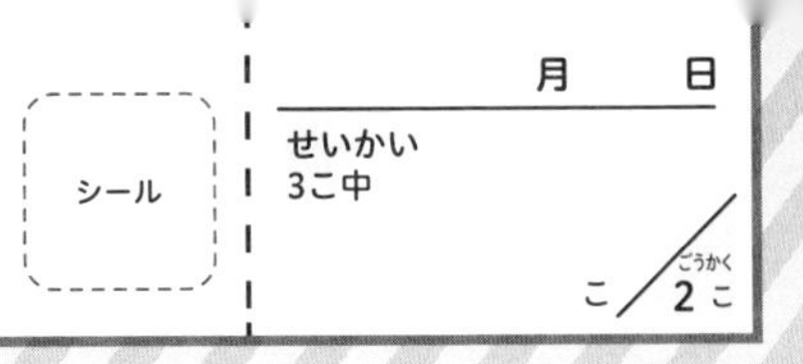

1 25この あめを 子(こ)ども 1人(ひとり)に 1こずつ くばりました。すると あめが 6こ たりなく なりました。子どもは なん人 いますか。

（しき）

□ 人

2 玉入(たまい)れを して 赤(あか)ぐみは 30こ 入(はい)りました。白(しろ)ぐみは 赤ぐみより 10こ おおかったそうです。白ぐみは なんこ 入りましたか。

（しき）

□ こ

3 ケーキが 15こ あります。おなじ かずずつ 3つの はこに 入れると，1つの はこに なんこずつ 入りますか。

□ こ

こたえは80ページ

こたえ
文章題・図形1年

① 10までの　かず ① 1ページ

1 ❶2 ❷5
❸4

2 3こ

② 10までの　かず ② 2ページ

1 ❶クッキー
❷8

2 ❶0ひき
❷10ぴき

③ なんばんめ ① 3ページ

1 ❶5
❷4

2 ❶2ばんめ
❷3ばんめ

④ なんばんめ ② 4ページ

1 ❶けんたさん
❷ななさん
❸ひろみさん

2
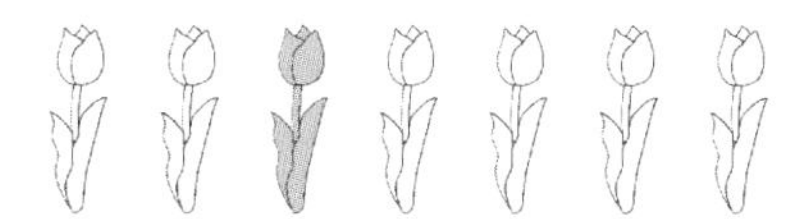

アドバイス 数は，普通，量を表すものですが，順序を表す場合もあることを理解させましょう。その際，「右から」とか「後ろから」などのような，数えるときのもとになることばが重要になります。

⑤ いくつと　いくつ ① 5ページ

1 ❶3
❷4

2 ❶2
❷3

3 2こ

アドバイス 数を分けたり，合わせたりする見方は，後のたし算やひき算の基本となるので，しっかりと練習させましょう。

⑥ いくつと　いくつ ② 6ページ

1 4くみ

2 ❶8こ
❷6こ
❸5こ

⑦ まとめテスト ① 7ページ

1 ❶2
❷4

2 えりかさん

アドバイス 1から5までの数の数え方，読み方，書き方がきちんとできているかどうかを確認しましょう。また，5は1と4を合わせた数であること，2と3を合わせると5になるというように，5までの数の中の1つの数と他の数との関係をしっかり理解させましょう。

⑧ まとめテスト ② 8ページ

1 3こ

2 ❶5ばんめ　❷6ばんめ

3 7

アドバイス　1から10までの数と，順序についてのまとめです。1から5までの数と同様に数え方，読み方，書き方，1つの数と他の数との関係を確認しましょう。また，順序を表す数を，上下，左右，前後などの位置を表すことばと合わせて理解させませしょう。

⑨ あわせて　いくつ ① 9ページ

1 (しき)1+4=5　5こ

2 ❶(しき)3+2=5　5こ

❷(しき)4+5=9　9こ

アドバイス　2つの数を合わせるときは，たし算で計算することを理解させましょう。

⑩ あわせて　いくつ ② 10ページ

1 (しき)6+2=8　8

2 ❶(しき)5+5=10　10ぽん

❷(しき)2+5=7　7ほん

⑪ ふえると　いくつ ① 11ページ

1 (しき)5+3=8　8ぴき

2 (しき)3+4=7　7にん

3 (しき)3+3=6　6わ

⑫ ふえると　いくつ ② 12ページ

1 (しき)5+2=7　7だい

2 (しき)7+2=9　9まい

3 (しき)4+6=10　10こ

⑬ のこりは　いくつ ① 13ページ

1 (しき)5−3=2　2わ

2 ❶(しき)4−1=3　3こ

❷(しき)5−2=3　3こ

アドバイス　残りがいくつかを求めるときは，ひき算で計算することを理解させましょう。

⑭ のこりは　いくつ ② 14ページ

1 (しき)10−6=4　4こ

2 (しき)8−4=4　4だい

3 (しき)9−4=5　5こ

⑮ ちがいは　いくつ ① 15ページ

1 (しき)4−2=2　2ひき

2 ❶(しき)8−3=5　5こ

❷(しき)6−0=6　6こ

⑯ ちがいは　いくつ ② 16ページ

1 ❶(しき)4−3=1　1こ

❷(しき)5−3=2　2こ

❸(しき)5−4=1

いちごが　1こ　すくない。

アドバイス　２つの数の差を求める問題です。残りを求めるときと同様にひき算を使います。「いくつ多い(少ない)」と「ちがいはいくつ」は，言い方は違っていますが，同じことを意味しているということを理解させましょう。また，ひき算の計算をするときには，いつも，(大きい数)−(小さい数)となることにも注意します。

⑰ まとめテスト ③　17ページ

1 ❶(しき)7+3=10　10まい
❷(しき)3−2=1　1まい

2 (しき)5−2=3　3かい

⑱ まとめテスト ④　18ページ

1 (しき)6+4=10　10わ

2 ❶(しき)10−6=4
あかい　はなが　4ほん
おおい。
❷(しき)10−2=8　8ぽん

⑲ どちらが　ながい ①　19ページ

1 ❶ ㋐
❷ ㋑
❸ ㋐

2 ㋐が　３つぶん　ながい。

アドバイス　いろいろなものの長さを比べる問題です。長さを比べる方法として，まず，はしをそろえて比べる方法を理解させましょう。また，両はしがそろっている場合には，まっすぐなものよりも，曲がっているものの方が長いことを理解させます。そのためには，ひもなどを使って実際に比べてみせることが重要です。また，えんぴつなどを使っていくつ分あるかで長さを比べる方法もあることを教えましょう。

⑳ どちらが　ながい ②　20ページ

1 ㋑

2 よこ

3 ㋑→㋐→㋒

㉑ どちらが　おおい ①　21ページ

1 ㋑

2 ㋐

3 ㋑が　２はいぶん　おおい。

アドバイス　いろいろなもののかさを比べる問題です。容器のかさを比べる方法としては，ある容器に入っている水を他の容器にうつして比べる方法があります。水があふれたり，たりなかった場合について，それぞれの容器のかさの大小を理解させましょう。また，コップなどで容器に水を入れ，何杯分になったかで比べる方法があります。この場合，コップで入れた回数が多い方がかさが大きいことを理解させます。

㉒ どちらが　おおい ②　22ページ

1 ㋐

2 ㋐

3 やかん

㉓ どちらが　ひろい ① 23ページ

1 あ

2 ❶ 5 ます

❷そうたさん

アドバイス いろいろなものの広さを比べる問題です。広さを比べる方法として，まず，重ね合わせて比べる方法があります。マス目を使った問題では，マス目の数が多い方が広いことを理解させましょう。

㉔ どちらが　ひろい ② 24ページ

1 い

2 い

3 けんとさん

㉕ まとめテスト ⑤ 25ページ

1 い→う→あ

2 よこ

3 い

㉖ まとめテスト ⑥ 26ページ

1 あ

2 い

3 あが　2 つぶん　ひろい。

㉗ 20 までの　かず ① 27ページ

1 ❶ 18 こ

❷ 16 こ

2 ❶ 14 にん

❷ 12 にん

㉘ 20 までの　かず ② 28ページ

1 ❶ 4　❷ 20

2 ❶ 13　❷ 19

❸ 16

㉙ たしざん ① 29ページ

1 (しき)7+5=12　12 まい

2 ❶(しき)8+6=14　14 さつ

❷(しき)3+8=11　11 さつ

アドバイス 1 けた +1 けた でくり上がりのある場合のたし算です。たす数を「いくつといくつ」に分ける考え方で計算するのがよいでしょう。たとえば，7+8 の場合，8 を 3 と 5 に分けて，7+3=10，10+5=15 という考え方です。くり上がりの計算でつまずくことも多いので，しっかり練習しておくことが大事です。

㉚ たしざん ② 30ページ

1 (しき)14+5=19　19 にん

2 (しき)7+12=19　19 ひき

3 (しき)13+4=17　17 こ

アドバイス 2 けた +1 けた のたし算です。2 けたの数を「10 といくつ」に分けると考えて，1 けた部分のたし算をします。たとえば，14+5 の場合，14 を 10 と 4 とに分けて，4+5=9 を計算して 19 とします。

㉛ ひきざん ① 31ページ

1 (しき)15−3=12　12 ほん

2 (しき)16−5=11　11 ぴき

3 (しき)18−4=14　14 まい

㉜ ひきざん ② 32ページ

1 (しき)11−7=4　4だい

2 (しき)14−8=6　6ぽん

3 (しき)12−9=3　3ぼん

アドバイス 2けた−1けたでくり下がりのある場合のひき算です。いろいろな方法がありますが，後々応用がきくということで，ひかれる数を分けて考えるのがよいでしょう。たとえば，12−9の場合，12を10と2に分け，10−9=1，2+1=3という考え方です。くり上がりのたし算同様，「いくつといくつ」という考え方が重要になります。

㉝ たしざんや　ひきざん ① 33ページ

1 (しき)6−3=3　3びき

2 (しき)8−5=3　3まい

3 (しき)3+7=10　10こ

アドバイス これまで学習してきた内容が混ざっています。「合わせた数を求める」「残りを求める」「ちがいを求める」など，ひとつひとつのことがらを復習させながら，問題の意味を理解させ，たし算を使うのか，ひき算を使うのかがきちんと分かるようにしていきましょう。

㉞ たしざんや　ひきざん ② 34ページ

1 (しき)9−3=6　6ぽん

2 ❶(しき)5+9=14　14にん

❷(しき)9−5=4　4にん

㉟ たしざんや　ひきざん ③ 35ページ

1 ❶(しき)14+3=17　17にん

❷(しき)14−3=11　11にん

2 (しき)18−6=12　12こ

㊱ たしざんや　ひきざん ④ 36ページ

1 (しき)8+12=20　20こ

2 (しき)16−7=9　9

3 (しき)11−7=4　4まい

㊲ まとめテスト ⑦ 37ページ

1 (しき)7−4=3　3ぼん

2 (しき)13−6=7　7まい

3 (しき)8+4=12　12こ

㊳ まとめテスト ⑧ 38ページ

1 (しき)16−5=11

1かいめが　11かい　おおい。

2 (しき)6−2=4　4ほん

3 (しき)12−7=5　5さい

㊴ いろいろな　かたち ① 39ページ

1 ❶㋐，㋔，㋕

❷㋑，㋖，㋗

❸㋒，㋓

2 ❶㋒

❷㋑

アドバイス 立体の形に関する内容です。まず，ボールのような球の形，箱のような形，缶などの筒の形があることを理解させましょう。家にあるものが，どれと同じ仲間になるのか考えてみましょう。

㊵ いろいろな　かたち ②　40ページ

1 ❶ Ⓘ, ㋒, ㋓, ㋖, ㋗

❷ ㋐, ㋔, ㋕

2 ❶ ㋐, ㋒

❷ Ⓘ, ㋒, ㋓

㊶ いろいろな　かたち ③　41ページ

1 ❶ Ⓘ

❷ ㋒

❸ ㋓

❹ ㋐

2 ㋐

アドバイス 立体の面の形を紙の上に写し取ってできる形を考えさせる問題です。写し取ることができる各面がどのような形をしているのかを判断できるようにしましょう。

2では，直方体からは長方形と正方形，円柱からは円が写し取れることを理解させます。

㊷ かたちづくり ①　42ページ

1 ❶ ㋒, ㋔, ㋕, ㋖

❷ ㋐, ㋓, ㋗

❸ Ⓘ, ㋘, ㋙

2 ❶ 2こ

❷ 3こ

❸ 4こ

㊸ かたちづくり ②　43ページ

1 ❶ 4まい　❷ 4まい

❸ 2まい　❹ 4まい

❺ 7まい　❻ 6まい

2 ㋓

アドバイス 図の中に線をひいて，同じ形に分けていきます。分けられた形が同じものになっているかどうか注意しましょう。

㊹ かたちづくり ③　44ページ

1 ❶ 13本

❷ 12本

❸ 13本

2 ❶ 9本

❷ ㋐, ㋓

㊺ とけい ①　45ページ

1 6じ

2 7じ15ふん

3 ❶ 2じ

❷ 2じ45ふん

アドバイス 時計の読み方に関する内容です。まず，3は15分，6は30分，9は45分と読むことを理解させます。3は3分ではないことを注意するなどして，正しい読み方を教えましょう。

㊻ とけい ②　46ページ

1 ❶ Ⓘ

❷ 11じ13ぷん

2 ❶

❷

アドバイス 短い針で何時，長い針で何分を読み取ることをしっかり理解させます。たとえば，短い針が８と９の間にあるときは，８時から動いてきて９時になるまでの間なので，９時ではなく８時であることを理解させましょう。

㊼ まとめテスト ⑨　47ページ

1 ❶ ㋐，㋒

❷ ㋑，㋓

❸ ㋒

2 ９本

㊽ まとめテスト ⑩　48ページ

1 16まい

2 ㋐

3 ❶ ４じ42ふん

❷ 10じ12ふん

㊾ ３つの　かずの　けいさん ①　49ページ

1 （しき）3+1+4=8　８人

2 （しき）6+1+2=9　９まい

3 （しき）4+3+2=9　９人

アドバイス ３つの数のたし算をします。左から２つずつ順番に計算していけばよいことを理解させましょう。

㊿ ３つの　かずの　けいさん ②　50ページ

1 （しき）8−3−2=3　３まい

2 （しき）7−2−3=2　２日

3 （しき）15−6−3=6　６こ

アドバイス ３つの数のひき算をします。３つの数のたし算同様，左から２つずつ順番に計算していけばよいことを理解させましょう。

(51) ３つの　かずの　けいさん ③　51ページ

1 （しき）7+9+2=18　18さい

2 （しき）5+3+4=12　12さつ

3 （しき）12+2+3=17　17本

(52) ３つの　かずの　けいさん ④　52ページ

1 （しき）18−4−3=11　11だい

2 （しき）18−7−2=9　９こ

3 （しき）15−2−3=10　10人

アドバイス ３つの数のひき算の問題です。**2**では，３人が入れた玉の合計が18個で，そのうち，ゆかさんとあきさんが入れた個数がわかっているので，残りがななさんが入れた個数であることを考えさせます。その上で，残りを求めるには，ひき算をすればよいことを理解させましょう。

(53) 3つの　かずの　けいさん ⑤　53ページ

❶ (しき)4+5−2=7　7こ

❷ (しき)6−2+3=7　7まい

❸ (しき)15−9+2=8　8人

アドバイス　3つの数のたし算とひき算が混じった問題です。まず，増えた数と減った数が何かを考えることが必要です。その上で，増えた数はたす，減った数はひくということを理解させましょう。

(54) 3つの　かずの　けいさん ⑥　54ページ

❶ (しき)8+5−2=11　11そう

❷ (しき)12+5−4=13　13まい

❸ (しき)13−4+6=15　15こ

(55) 大きい　かず ①　55ページ

❶ ❶58こ　❷36こ

❷ 8たば

❸ 96こ

(56) 大きい　かず ②　56ページ

❶ 124まい

❷ ❶105　❷108　❸114

アドバイス　100以上の数についての問題です。10を10個集めた数を100ということを理解させましょう。

❶では，124の1は100，2は10が2個で20，4は1が4個で4を表していることをはっきりさせておきます。

(57) 大きい　かずの　けいさん ①　57ページ

❶ (しき)40+50=90　90まい

❷ (しき)30+8=38　38人

❸ (しき)60−6=54　54本

(58) 大きい　かずの　けいさん ②　58ページ

❶ (しき)60+40=100　100人

❷ (しき)80−50=30　30こ

❸ (しき)90−60=30　30こ

(59) まとめテスト ⑪　59ページ

❶ (しき)6+2+2=10　10てん

❷ (しき)80−30=50　50人

❸ (しき)20−8+2=14　14こ

(60) まとめテスト ⑫　60ページ

❶ (しき)40+7=47　47さい

❷ (しき)10−2−3=5　5まい

❸ (しき)13−6+4=11　11さつ

(61) じゅんばん ①　61ページ

❶ ❶(しき)6+1=7　7ばん目

❷(しき)7+3=10　10人

❷ (しき)4+1+9=14　14人

アドバイス ものの順序に関する問題です。「前に５人」と「前から５番目」の違いをきちんと理解させてあげて下さい。
2では，4+9=13 としないように注意しましょう。間違えている場合は，図をかくなどして，なぜ１人たすのか考えさせましょう。

62 じゅんばん ②　62ページ

1 （しき）12−8=4　４ばん目
2 （しき）20−11=9　９だん
3 （しき）15−6=9　９人

63 ものと　人の　かず ①　63ページ

1 （しき）6+5=11　11人
2 （しき）12+6=18　18こ
3 （しき）9+3=12　12人

アドバイス 問題の内容や計算は簡単なのですが，ものを人におきかえて考えなければならないところが難しいと思われます。いす１つがひとり分にあたることを理解させましょう。

64 ものと　人の　かず ②　64ページ

1 （しき）7+5=12　12まい
2 （しき）13−6=7　７こ
3 （しき）12−8=4　４まい

65 おおい　ほう　すくない　ほう ①　65ページ

1 （しき）9+6=15　15こ
2 （しき）8+3=11　11さつ
3 （しき）7+5=12　12円

アドバイス 数量の大小を読み取る問題です。９より６多いということは，９に６をたした数になるということを理解させましょう。多い，高いなどの表現は大きい方，少ない，安いなどの表現は小さい方になることも教えておきましょう。

66 おおい　ほう　すくない　ほう ②　66ページ

1 （しき）22−7=15　15こ
2 （しき）20−7=13　13まい
3 （しき）14−9=5　５人

67 おなじ　かずずつ ①　67ページ

1 （しき）2+2+2=6　６こ
2 （しき）4+4+4=12　12まい
3 （しき）6+6+6=18　18本

アドバイス 何人かに同じ数ずつ配る問題です。
1では，おはじきなどを使って，２つずつの組を３組つくり，全部で６個になることを確認させましょう。その上で，2+2+2=6 のように計算することを教えるとよいでしょう。

㊳ おなじ　かずずつ ② 　68ページ

1 3人

2 3人

3 6こ

アドバイス 同じ数ずつ何人かに分ける問題です。
1では，6個のおはじきなどを使って，2個ずつの組が3組できることを確認し，3人に分けることができることを理解させましょう。

㊴ まとめテスト ⑬ 　69ページ

1 （しき）5+6=11　11人

2 （しき）12+9=21　21こ

3 （しき）12−4=8　8かい

㊵ まとめテスト ⑭ 　70ページ

1 （しき）25+6=31　31人

2 （しき）30+10=40　40こ

3 5こ